先天下之鲜

粤菜大师

郎琴传媒科技 深圳卫视 编

南方日报出版社
NANFANG DAILY PRESS
中国·广州

图书在版编目（CIP）数据

粤菜大师：先天下之鲜 / 郎琴传媒科技，深圳卫视编. — 广州 ：
南方日报出版社，2020.11
ISBN 978-7-5491-2226-4

Ⅰ. ①粤… Ⅱ. ①郎… ②深… Ⅲ. ①粤菜－饮食－文化 Ⅳ. ①
TS971.202.65

中国版本图书馆 CIP 数据核字(2020)第 183332 号

YUECAI DASHI XIAN TIANXIA ZHI XIAN

粤菜大师——先天下之鲜

编 者：郎琴传媒科技 深圳卫视
出版发行：南方日报出版社
地 址：广州市广州大道中 289 号
出 版 人：周山丹
责任编辑：巫殷昕
装帧设计：郑伟城 肖晓文
责任技编：王 兰
责任校对：肖 颖
经 销：全国新华书店
印 刷：广东信源彩色印务有限公司
开 本：787mm×1092mm 1/16
印 张：16.5
字 数：240 千字
版 次：2020 年 11 月第 1 版
印 次：2020 年 11 月第 1 次印刷
定 价：78.00 元

投稿热线：（020）87360640 读者热线：（020）87363865
发现印装质量问题，影响阅读，请与承印厂联系调换。

序一

　　十几年前刚来深圳的时候，有一次和朋友去吃潮州菜，吃的具体什么菜已经忘记了，但是对那碗粥一直记忆犹新：一碗清洌的米粥施施然端过来，碗里的米粒颗颗分明，倒像是一碗西米露。"这老板，粥的火候远远不够就端上来糊弄人？"咱也不敢问，心里却并不十分喜欢。到今年制作《粤菜大师》，方才明白米粒刚开花的清粥是人家的特色。

　　刚搬到广东生活时，有几件事是顶新鲜的。一是超市里扑面而来的榴莲香味，虽然我至今依然不能忍受这个味道，但是天长日久的，竟也习惯了。然后就是街坊老广们的寒暄名场面：见面的时候总不外乎"食咗饭未啊？"；聊天结束，拍拍屁股走人，边走边向后甩手一句"得闲饮茶啊！"；就连隔壁邻居教育孩子也是用吃饭作比喻："你啊，食得咸鱼就要抵得渴！"大意是说：能吃咸鱼就别怕口渴，激励孩子在漫长的求学路上不要怕吃苦。你看，广东人生活里的许多细节都透露着他们对于吃的热衷和讲究。节目拍摄时，早上六点半的广州酒家门口，早已排起长龙，多半是摇着蒲扇搀着老伴的街坊邻居，"他们每天七点半开门，我就坐在这里啦，几十年了"。食在广东，这句话确实不虚。

　　老广为什么这么爱吃？首先，大自然馈赠给这片土地丰富的山海资源，也养"刁"了老广的嘴。南面临海，西部和北部多山，山珍海味飞禽走兽，物产资源之丰富，堪比"棒打狍子瓢舀鱼，野鸡飞到饭锅里"的东北。除了"家底厚"以外，广东自古以来就不是政治中心，远离战乱。而且广州城在唐代开始就是通商口岸，到清代更是唯一的对外通商口岸。经济发达，安居乐业，老百姓兜里有钱，自然更注重享受。再说，岭南四季炎热，人们衣物上的花销也不大，更是可以全情投入到吃上面了。这不，广东人还有句俗话，"辛苦揾嚟自在食"，大概意思就是"哥们儿辛辛苦苦赚钱图什么？就是为了舒舒服服地吃！"

老广爱吃，当然也很"会"吃。在我们《粤菜大师》节目中，有几道菜真是让人牵肠挂肚，非得跑去大快朵颐一番才过瘾。比如超叔的煲仔饭、方树光的龙穿虎肚、自然然的鸡油响螺、林裕民的古法盐焗鸡，都堪称让人食指大动的功夫菜。还记得在顺德祥源坊拍摄"一鱼六吃"，我们采访一位北方食客时他说道："最让我惊喜的是鱼生和凉拌鱼皮。鱼生切得这么薄，拌着佐料吃下去口感非常饱满。凉拌鱼皮更是绝了，爽口弹牙唇齿留香，我们已经点第三份了。没想到鱼还能这样吃，感觉自己前几十年的鱼都白吃了，真的。"

然而作为一个湖南人，我最爱的还是辣不绝口的梅岭鹅王。在哦嘬喧天（长沙方言，吵闹）的饭店里，一大盆用料十足的辣焖鹅肉端上桌来，食客们辣得大汗淋漓直呼过瘾，这道菜真是对了我的胃口又解了我的乡愁。

如果惯性地认为"广东人只知道吃"，那就太片面了。在我们节目中以及这本书里记录下来的数十位粤菜师傅身上，亦或是在散布于世界各地，扛鼎中国美食的广府菜、潮州菜馆的粤菜大师们身上，总会看到同样的闪光之处：他们做菜的态度也像他们做人，虽烦琐却不敢慢半分工夫、好鲜美更偏爱食材本味。不以生猛之势取人，更善于绵里藏针，是在米粒上雕花、蝉翼上刺绣的细活儿。生活中也是一丝不苟，数十年如一日把控着店里食材的质量、九尺竿头追求厨艺精进之余还带出一茬儿得意门生。而且，往往他们自己的孩子培养得也不差，大都学业有成。颇具代表性的当属梅州承德楼的香姨：在一座传承百年的大宅门里，守护着祖业，也继承着上一辈传下来的传统客家菜手艺。香姨说："我家婆很好的，也很聪明，她做事情很严格，十分的事情要求做到十二分，看她怎么做自己就跟着学。我做了四十多年了，现在看我儿子能承接下来，我就放心了。"也正是有了这样的克绍箕裘，才会有粤菜文化的一代代薪火相传，不断地推陈出新，继而发扬光大。

看到这些颇有点可爱的师傅们，总让我想起李安导演在《饮食男女》里塑造的朱老爷子，仙风道骨气定神闲，在厨房里料理功夫菜的神情之悠然，好像天上地下所有东西都在他的了解与掌握之中。还有那句对女儿说的，"我这一辈子再怎么做，也不能像做菜一样，把所有的材料都集中起来才下锅。当然，吃到嘴里是酸甜苦辣，各尝各的味"。我想，这大概就是大师风范吧。

他们是平凡的人，却又诉说着平凡的伟大。在不断前进的历史洪流中，这样闪光的身影总是那么令人瞩目。这本书记录的粤菜师傅可能只是九牛一毛，那么就让我们管中窥豹，尝试着借此走近他们的生活吧。

深圳广播电影电视集团编委　深圳卫视中心党委书记、执行总监

张峥

2020年9月3日写于深圳

序
二

　　《粤菜大师》现已收官，从得悉节目的初心，到见证"大师"的出品，这档节目给我带来的感动不减分毫。

　　《粤菜大师》聚焦小而精的粤菜文化题材，书写的格局却异常广大：是心怀国之大者——《粤菜大师》背靠粤菜师傅工程，积极响应政府乡村振兴的号召，打造配套工程硬实力的文化软实力；亦心系产业提振——面对突如其来的疫情冲击，《粤菜大师》吹响"文化救市"的号角，带动产业上下游共同抗疫。凭借出色的节目内容和超群的政企影响，这档节目收获了社会多方的认可。

　　《粤菜大师》获得的斐然成绩鼓舞人心，节目的每一程都可谓浓墨重彩，而其中最让我难忘的，却是题中的"守味"二字。

　　细探"守味"背后，缘起于一代又一代人的传承坚守。在《粤菜大师》多元的味觉故事中，许多菜品不再代表单一的手艺和死板的范式，更记录着活态的传承。就如潮汕篇中提到的"老潮兴"老板郑锦辉、郑少君夫妇，传承了父辈的做粿技艺，将原本十平米的小店面发展到如今连锁店遍布潮汕，凭己之力积极焕活日渐式微的做粿传统。传承于父辈的技艺，在自己手中发扬光大，又再传给儿女，传承的更迭如同一把把不息的薪火，在坚守与创新中不断发光。从父辈渴望技艺传承的苦心，到传承人主动追寻的诚心，无一不赋予了粤菜更大的魅力。

　　回望"守味"中途，沁透着大师对于技艺精进的不懈坚持。食客舌尖的好滋味，背后承载着无数个不为人知的、环环相扣的制作细节，以及那些发生在后厨、朴素却动人的故事:"潮州一把刀"方树光大师数十年不辍的刀起刀落,方能练就薄片如纸、细丝如线的运刀奇功;"煲仔饭大师"超叔转煲数十万次,才终于得以一人掌管二十四个煲,精准掌握每一个砂锅的口味和火候;"打冷守味人"吴镇城风雨无阻二十年,所有食材监督环节亲力亲为,方才打造出他的打冷圣殿、宵夜天堂。泰山不让土壤,故能成其大;河海不择细流,故能就其深。朝朝暮暮的坚持,年年岁岁的积累,便是粤菜大师的磊山之石。

追寻"守味"初心,是厨师与食客之间建立于美味的难得默契。犹如伯牙子期,朝圣而来的食客和躬耕后厨的大师,往往是互相成就的。信行丰汤铺的余师傅,和日日帮衬他的街坊们就是如此,煲足三小时的靓汤守护着老广们的汤水记忆,十几年的回头客也守护着余师傅的匠心经营。这份因守味而生的和谐且善意的循环实属不可多得,幸而被《粤菜大师》发觉并收录其中。

在时势中摸索着全新的去向,在守味中寻找着自己的归处,《粤菜大师》的价值和意义早已超出"记录"本身,而具有现实的文化意义。温氏食品作为节目独家冠名商,郎琴传媒科技作为节目出品方,以发扬粤菜文化、弘扬粤菜精神为己任,撰写《粤菜大师》IP文化系列丛书。

本书以节目内容为起点,深入挖掘粤菜文化及大师故事,通过调查采访、交流请教、整理典籍,搜集整理了节目中饮食名品的创意源头及流变,生动刻画了诸位粤菜守味人的后厨人生,将这份粤菜记忆描摹、加深、延续。

起于"守味"的粤菜大师之旅仍在继续,该序记于中途,期待下一程的精彩。

温氏股份副总裁兼董事会秘书

梅锦方

2020年10月10日

序三

　　中华民族是一个讲究吃的民族，不仅是一日三餐的饥饱填腹，不仅是简单的口舌美味追求，还有人情世故的交往，精神情感的演绎，礼仪风俗的讲究，典制文化的解读……一部饮食史，从某个侧面来说，也是一部人类社会的发展史。

　　透过现象看本质，要了解一个地方的风土文化与人文个性，必不可少且最易深入的也应是从饮食着手。神州大地各民族各地区的饮食习惯、菜品风味异彩纷呈，各树其帜。而当下要数传播之广、影响之大的菜系，还不得不说一说粤菜，特别是高端菜系中，尤以粤菜居首，不管海外国际还是州县名城，不管闹市通衢还是僻壤边区，粤菜的身影与粤菜的影响总是声息不断，不胜枚举。

　　再说南粤大地，得其平原水乡、拥山临海等地域特点之利，也得其引领改革开放大潮之先与接壤港澳海外之便，在生活文化的演变与饮食结构的衍化以及烹饪技艺的探索中，其悠久的历史文化、优越的地理环境、独特的自然条件、丰富的物产资源以及务实高效的人文习俗，形成了粤菜博采众长、用精取博、技艺多变的特点，而且突显出鲜而不俗、清而不寡、油而不腻、嫩而不生等系列饮食特色。进而生于斯、长于斯、食于斯的饮食众生相，更是不断演绎着家长里短、呼朋唤友、迎来送往、寻鲜觅奇、精烹细脍、触类旁通、海纳百川……各种习俗、风情、掌故与观念，也彰显出当地食客热爱饮食、味觉发达、口感神经丰富而且擅长分析提炼的特性。这里的饮食既保留着其骨子里鲜活、包容、寻求精神享受的地方特色，又保持着善用各种元素互相配合与互为成就的烹饪途径。由此，我们不仅可看到当地饮食的口味习惯和技术层面，还可了解到人们的生活形式、思想追求以及蕴含其中的文化底蕴、文化个性与文化品位，几乎可说是一种哲学的解读。

近期，由郎琴传媒科技与深圳卫视联合打造的一档高层次饮食节目《粤菜大师》正在热播中，节目从人们日常早茶文化的"一盅两件"到寻根当地两千年前王侯贵族生活的"南越王宴"，再到遍及南粤大地深富个性、相关联又相区别的广府菜、潮州菜、客家菜；既有殿堂气又有烟火味，既有都市食俗又有乡野风情，既有传统经典又有时尚潮流，既有制作工艺又有人文故事；从历史到现实，从文献到当下，从广度到深度，从宏观到微观；有着食物的温度，有着生活的态度，娓娓道来，从容恣意。

该节目见情见性，见人见事，从店、物、人、事到菜品、点心、小食、糖水，哪怕一笼虾饺一煲姜醋、一盅炖汤一道青菜、一碟河粉一碗牛杂……都是色香味形俱备，世事物相杂陈，兼具浓郁而丰富的风土气候、巧手匠心、风味特色、历史典故等气息与内容；独特的视角，多维的展现，通俗易懂而又富于趣味性与知识性的叙述，体现的是一种文化、一种气氛、一种渲染、一种情绪、一种和谐、一种民俗、一种格调、一种健康美好的追求。

有人说，早茶是什么味道，是人情的味道；有人说，美食是乡愁、是记忆；有人说，唯有爱与美食不可辜负。

我觉得，这些在节目里都有了，节目受到政府、社会与观众的广泛好评，当下广东省委省政府正大力倡导"粤菜师傅"工程，擦亮"食在广东"品牌，弘扬优良传统文化，相信这档节目将会打造成为广东的文化名片。与此同时，有关节目的图像文字等也已整理成册，那么，即使错过了视频的精彩，也仍有不容错过的书本精华，就让我们随着这节目、这书本一起去触摸粤菜美食文化的温度与质地吧。

著名文艺评论家、美食家 广州酒家集团总经理
广东省文艺评论家协会原副主席 广东省文化学会原副会长
赵利平
2020年10月3日

目录

第二篇
潮汕菜：山与海之间

/ 131

第三篇

客家菜：他乡是故乡

第一篇

广府菜：人间烟火气

引言 >> 广府菜的千年之味

　　粤菜融合了广府菜、潮州菜、客家菜三大菜系，并以广府菜为中心。粤菜三大菜系覆盖的地域，大体与三种广东方言分布的地域一致，其中广府菜对应粤语文化覆盖的广府地区。

　　秦汉以来，一批批中原人南下广东，南越族的土著语言与古汉语融合，形成了广州方言，即粤语。粤语在岭南覆盖面最广，以广州为中心，包括珠江三角洲、港澳地区、粤北、粤西、桂东、桂南和海南北部。以秦始皇统一岭南地区设南海郡治番禺、南越王赵佗定都广州为始，广州逐步成为广东的政治、经济、文化中心，并凭借其优越的地理位置，成为粤菜的大本营和集中地，"广府菜"很大程度上等同于"广州菜"。

　　由于背靠内陆，依港而生的特殊地理位置，水陆交通十分便利的广东很早就有了较发达的商业贸易，其中广州地区尤为突出。广州位于珠江入海口，是天然的良港。从汉代开始，广州既是陆上交通枢纽，也是海上交通的必经之地，由"海上丝绸之路"连通东南亚各国。因而广府的饮食不仅具有热带情韵，还有浓郁的商贾文化色彩。

　　唐宋两代是广州菜发展史上的一个重要阶段。广州是当时全国最大的通商口岸，经济贸易繁荣，对外交往频繁。粤菜风味也随之逐渐被各地人们接受和欣赏，声誉远播，"南烹"之名正式见于典籍和各类诗词笔记，与当时的扬州名食齐名，为政客、商贾、骚人墨客津津乐道，前有唐代大文学家韩愈"我来御魑魅，自宜味

南烹"（《初南食贻元十八协律》），后有宋代大文豪苏轼"久客厌虏馔，枵然思南烹"（《送笋芍药与公择》），足见粤菜魅力。

　　明清时期，政府实施海禁政策，清朝时广州成为唯一通商口岸，使得广州经济有了长足的发展。经历了两千多年的发展历程后，到了晚清，粤菜以其令人叹服的烹调工艺、独特的南方风味，在中国菜系中脱颖而出，扬名海内外。

　　广州商业的发达，极大地促进了饮食业的发展，也为粤菜创造了难得的发展良机。四面八方的商人汇集于此，他们对饮食有着多种多样的口味爱好、消费需求等。为此，粤菜发挥了杂食的特点，同时又以兼容并包的姿态，吸收、借鉴全国其他地区和世界各地的烹饪之长，以丰富多彩的原料、技法和菜点满足食客的需要。

　　广府菜的一大特点是用料广博奇异，选料精细。各地所用的家养禽畜，水泽鱼虾，广州菜无不用之；许多地方菜系不常用的蛇、鼠、猫、山间野味，广府菜则视为上肴。

　　古代中原有不少关于广州奇特饮食行为的记载，如汉代《淮南子·精神训》说："越人得髯蛇，以为上肴，中国（中原）得而弃之无用。"南宋周去非《岭外代答》有"深广及溪峒人，不问鸟兽蛇虫，无不食之"之记载。

　　广州人过去有句自嘲的话："垃圾口，乜都食（什么都吃）。"当代人则说："天上飞的除了飞机，地上爬的四条腿除了板凳，广州人什么都吃。"这种"乜都食"的行为，体现了广州饮食用料上的广博奇杂。

　　屈大均《广东新语》云："天下所有之食货，粤东几尽有之；粤东所有之食货，天下未必尽有也。"[①]广府菜用料的多样性和开放兼容性，一是源于自然地理环境的因素。"其植物则郁然以馨，其动物则粲然以文"，"水陆之产，珍物奇

---

① 　屈大均. 广东新语：卷九 事语[M]. 刻本. 水天阁，1700（康熙三十九年）

宝，非他郡所及。"（《广州府志·物产篇》）广州地处亚热带，濒临南海，江河纵横，雨量充沛，四季常绿，蔬果丰富，禽兽众多，鱼虾无数，是中国饮食资源最丰富的地区之一。二是文化性格的因素。广州地处岭南，远离中原，交通不便，因而形成对中原文化淡薄的"远儒文化"；面向辽阔的大海，使广州商贸发达，自古就成为贸易要地，这首先给广州带来了发达的商业和繁荣的经济。经济的繁荣带动了广府饮食业发展，正如清代温训《记西关火》所说："西关尤财货之地，肉林酒海，无寒暑，无昼夜"；其次，"广州通海夷道"给广州带来的海洋文化，使广州人见多识广，善于广泛吸取中原和海外各国的饮食文化，也造就了广州人开放兼容、乐于创新的个性。①

广州人饮食风格中另一个大特色就是崇尚自然。广府菜注重质和味，讲究"清、鲜、嫩、滑、爽、香"，口味比较清淡，清中求鲜、淡中求美。

地理气候上的长夏短冬使广州人的口味趋向清谈，注重原汁原味，注重选取鲜嫩质优的物料，烹饪手法上以清蒸、白焯、白切见长，避免用过多过浓的调味料掩盖食物原有的风味，不靠调味料来提高人们食欲。

《南越笔记》所记"一沸即起，甘鲜脆美，不可名状。过火，则味尽"便是烹制法"焯"，此法最大的特点，是保持原料的鲜美。唐宋期间的虾生吃法，清末民初盛行的鱼生吃法，"生食"根本点亦是求鲜。鲜中带嫩，嫩中带爽，爽中带滑，四者相辅相成，浑然一体，与"五滋六味"一起，构成粤菜独具一格的风味。

粤菜调味品种类繁多，遍及酸、甜、苦、辣、咸、鲜，但只用少量姜葱、蒜头做"料头"，而少用辣椒等辛辣性佐料，也不会大咸大甜。这种追求清淡、追求

---

① 诗群. 广府饮食中的岭南文化精神——《广州美食》有关饮食与文化的述评[J]. 广州大学学报（综合版），2000（5）：79-81.

鲜嫩、追求本味的特色，既符合广东的气候特点，又符合现代营养学的要求，是一种科学的饮食文化。

广州人饮食还讲究"不时不食""过时不食"。广州地区居民一年四季，每天早午晚皆能挖掘到不尽相同的适时好味。例如吃鱼，有"春鳊秋鲤夏三犁（鲥鱼）隆冬鲈"；吃蛇，则有"秋风起三蛇肥，此时食蛇好福气"；吃虾，"清明虾，最肥美"；吃蔬菜要挑"时蔬"，指时令蔬菜，如菜心为"北风起菜心最甜"。冬天喜食热荤菜、肥腻滋补的炖品，便可以选择家乡扣肉、羊肉汤、冬令腊味；夏天则偏爱冷素菜和清火解热的汤品，如罗汉上素、蚝油鲜菇、冬瓜煲鸭、凉井青茄、芙蓉瓜、凉瓜牛肉等都是上佳之选。

自古以来，地处中国边远地区的广州，饮食文化都有着令食客难以抵挡的魅力。作为海上丝绸之路的始发地，土著美食和外来风味的交融并汇更加凸显了广府菜的承继性，包容性和时代性，本篇将一一介绍特色广府菜和背后的粤菜大师，展现广州源远流长的饮食文化与舌根记忆。

容纳人间百味的

煲仔饭

煲仔饭,一道在广州人人皆爱的平民美食,随处可见的煲仔饭小店,足见人们对其的喜爱。无论是一人觅食还是家庭聚餐,『煲仔饭』总是主食首选。

第一节 农耕民族的精致生活

作为农耕民族，主食是中华民族饮食文化的灵魂。由于地貌差异，中国自古便奠定了"南稻北麦"的饮食格局。对吃到了执著地步的老广来说，他们追求的不是大锅饭，而是更精致的生活。

广州方言词"煲"本意指壁较陡直的锅，目前能见到"煲"的最早资料是唐代段公路的《北户录》，书中记载：

褒牛头：南人取嫩牛头，火上燂过，复以汤毛去根，再三洗了，加酒豉、葱姜煮之，候熟切如手掌片大，调以苏膏、椒橘之类，都内于瓶瓮中，以泥泥过，煻火重烧，其名曰"褒"。……又按南朝食品中有奥肉法，奥即褒类也。[①]

褒，指衣襟宽大。《北户录》中极可能是段公路以同音字记载当地人的口语词。因广州人一贯用瓦质炊具来烹煮食物，渐渐成为一种烹调方式，不知道何时起也成了此类炊具的称呼。从唐代段公路的记载开始到现在，约千年时间，"煲"一直是岭南地区烹煮食物的主要方式。

容纳人间百味的煲仔饭

---

① 段公路. 北户录：卷二 食目[M]. 铅印. 京都：史部十一，1910（清宣统二年）.

　　广州人称小型砂锅为"煲仔"，称以这类砂锅作为器皿煮的米饭作"煲仔饭"。煲仔饭的历史渊源可以追溯到2000多年前的中原地区，据《礼记注疏》等书记载，周代"八珍"中的第一珍、第二珍和煲仔饭做法一样，只不过改用黄米做原料，这种做法在当时已十分高级；按韦巨源的《食谱》所记，到了唐代被称为"御黄王母饭"，将编缕（肉丝）和卵脂（蛋）盖饭面，因而更具风味，也最接近现在人们吃到的煲仔饭。

　　值得一提的是，经过漫长的历史演变，"煲"在发展过程中成为具有很强构词能力的词根，构成了大量熟语，如"沙煲兄弟"，意指交情过硬的好哥儿们；"煲冇米粥"字面意思是无米之炊，后用来形容口惠而实不至的承诺；"同煲同捞"，意为同甘共苦、一起发达；"最后一煲"表示下不为例；歇后语"缸瓦船打老虎——尽地一煲"意为孤注一掷。

除了熟语之外，广州人在日常对话中还发明了许多"煲"的新用法，例如：因为煲煮食物需要较多的水，于是就有词语"煲水新闻"（与事实相悖的掺假消息）；因"煲"费时较长，花长时间做某事也用"煲"，如：你哋两位慢慢煲啦（你们两位慢慢聊吧）；"煲烟"指慢慢吸烟来消磨时间；"煲电话粥"指长时间地用电话聊天。

以"煲"构成的词语在广州方言词汇系统中形成一个系列，随着时代的发展，还不断地产生新词语，满足粤语地区人们的交际需要。"煲"由最初代表烹饪方法、食物器皿，发展为如今多层次的文化内涵，展现了粤菜作为文化传承载体的功能，在它身上叠加了如同彩衣般的文化信息，其文化内涵丰富的过程，也成为社会历程的一个小注释。

❤ 传统的煲仔饭一定是浓香肥润的

制作煲仔饭

第二节　1人24煲的真师傅：超叔

在广州老城区，隐匿着一位煲仔饭大师，人称"超叔"，出自他手的煲仔饭横扫各大美食APP煲仔饭排行榜，他开的煲仔饭餐馆更在2019年成为广州米其林指南的推荐餐厅。吃过他做的煲仔饭的人都被那地道的味道所折服。

超叔是一位年过六旬的老广，也是"超记煲仔饭"的老板，2000年超记煲仔饭在星光小区诞生，倚靠街坊们的口碑传播，从一个居民楼里的小餐馆变成了老广们认定的煲仔饭老字号。打从记事起，煲仔饭便是父母常做的家常餐，看着街坊在巷子里煲饭，能尝到一块金黄的锅巴是超叔小时候最幸福的事情。

耳濡目染下，超叔习得制作煲仔饭的技艺，从浸米、放料、控火、转煲、开煲。一份看似简单的煲仔饭，背后却有着繁复讲究的制作工序："中间不可以打开煲盖，一定要用手去按那个煲盖烫不烫，耳朵来听锅巴形成的时候的喳喳声，看锅盖冒烟，转煲也有学问，转得均匀，锅巴就烧得比较好，在做好之前，肯定要先练上万次。"手要勤，耳要听，眼要看——超叔的九字真诀，他已经实践了无数个十万次。人们眼中的大师并非天资过人，而是付出了持续不断的努力。

米的品种不同，水量不同，火候不同，转动锅具的时间不同，烧出来的饭都会不一样。日复一日的转煲、浇油、掀盖，在超叔看来，这些动作并非简单的重复，通过不断试验和优化，形成自己对于煲仔饭的理解。一人掌管二十四个煲，练就了超叔过人的本领，单凭一双手就可以精准地掌握砂锅的温度、制作的火候和最佳的开煲时机。

超叔坚持煲仔饭事业的动力，除却对技艺的追求和对美食文化的坚守，还有街坊食客们的肯定和支持。闯荡20年，超叔早已靠手艺和口碑立足煲仔饭江湖。超记开张以来，经历过"非典"、新冠两次疫情带来的冲击，但是所有的气馁都因街坊们一句"放心做，我们肯定帮衬你"消退。

如今店内客流不断，店外骑手抢单，就算再忙，超叔也总要抽出时间亲手将煲仔饭送到相熟的街坊家里。腿脚不便的街坊一直受到超叔的关照："吃超记很久了，我一直都是帮衬他的，打个电话，他就帮我把饭拿过来，他对街坊老人有很多关照。"

煲仔饭大师超叔

练习转煲数十万次，余生只做一件事，便是成就一份绝味煲仔饭。克服技艺精进的难处，守住食材与食客的温度，超叔手中转动的煲仔，就是粤菜大师的初心。

第三节　米饭王者煲仔饭

传统的煲仔饭一定是浓香肥润的，所以食材主角选荤不选素。煲仔饭最经典的莫过于腊味饭，腊肠、腊肉、鸭润肠（鸭肝和猪肉混合制成）、腊鸭，这四样经久不衰。这些肥甘的食材在瓦煲里经高温一逼，奉献出自身的油脂，润泽下层米饭，直渗入煲底。米饭又齐聚力量将它们托住，入口时韵味依存。

超叔靠手艺和口碑立足江湖

而超记的经典之最便是黄鳝拼经典腊味饭。吃煲仔饭前，记得要淋一圈酱油，然后用勺子翻炒整锅煲仔饭，让酱油充分渗透每一粒米饭。

超叔介绍，超记的煲仔饭符合了能够称之为"优秀"的三大标准：饭香、锅巴脆、配料丰富入味。绝妙的口感和滋味皆因一煲饭要转锅方向七次——上下左右前中后，让煲里的米饭和食材的每一面都均匀受热。食客吃下的每一口都是匠心的讲究。

贰

顺德鱼生的传奇：一鱼六吃

鱼片洁白如雪，鲜美无瑕，肉实甘爽、鲜美嫩滑，恰到好处。配上土榨的花生油和岩盐，还有酱油、花生、芝麻、蒜片、姜丝、洋葱、柠檬叶丝等佐料捞起，一口便啖尽顺德的风味人间。

第一节　一片鱼生在功夫

顺德鱼生自2015年起即被选为全民最爱十大顺德菜之一，可谓是众望所归。

吃鱼生是古南越人和古蜑民"生食"的遗风之一。

早在西周时期，已有生食鱼肉的传统，称为"脍"，也作"鲙"，是成语"脍炙人口"隐藏的文化意蕴。郑玄注《周礼·天官·箈人》时有云：燕人脍鱼，方寸切，其腴，以啖所贵也。又《礼记·内则》曰：牛脍、羊炙、鱼脍、芥酱。[1]《诗经》有云"炰鳖脍鲤"，即生吃鲤鱼。

前人对于鱼脍的制作方法与特点也有详细的记载。段成式所撰《酉阳杂俎》中《前集卷之七·酒食》曰："又鲙法，鲤一尺，鲫八寸，去排泥之羽。鲫员天肉腮后鳍前，用腹腴拭刀，亦用鱼脑，皆能令鲙缕不着刀。"[2]以"缕"形容脍，可见制脍对到刀工考究，必须达到纤细如丝的效果。又载："进士段硕常识南孝廉者，善斫鲙，縠薄丝缕，轻可吹起，操刀向捷，若合节奏。"[3]鱼片的薄度如同縠一般"轻可吹起"，可知此技非常人所有，表明鱼脍的技艺要求。《说文解字》曰："脍，细切肉也，从肉会声。"段玉裁注："所谓先藿叶切之，复报切之也。报者，俗语云急报。凡细切者必疾速下刀。"[4]从薄片再成细丝，足见鱼脍之细，此与"食不厌精，脍不厌细"的说法相符。

也有一些诗人描绘了制脍的场景，如杜甫诗中"饔子左右挥双刀，脍飞金盘白雪高"（《观打鱼歌》），以"双刀"

① 李昉，等. 太平御览：卷八百六十二[M]. 北京：中华书局，1960.

② 段成式. 酉阳杂俎[M]. 北京：中华书局，1981：71.

③ 段成式. 酉阳杂俎[M]. 北京：中华书局，1981：51.

④ 段玉裁. 说文解字注[M]. 上海：上海古籍出版社，2012：117.

和"白雪"形容刀的锋利和脍的精细。李白"呼儿拂几霜刃挥，红肌花落白雪霏"（《酬中都小吏携斗酒双鱼于逆旅见赠》），描绘的也是制脍的场面。苏东坡诗中也曾有描述"运肘风生看斫脍，随刀雪落惊飞缕"（《泛舟城南会者五人分韵赋诗得人皆苦炎字四首》），描写斫脍者技术娴熟，速度极快。

鱼生不仅是广受欢迎的鱼肉美食，还被视作养生佳肴，《本草纲目》有云："鱼脍甘温无毒，温补，去冷气湿痹。"明代的广东，鱼生和狗肉并重，有"冬至鱼生、夏至犬肉"之说。但是鱼生必须食用得法，才有益于身体。"鱼生犬肉糜，扶旺不扶衰"，"食鱼生后，须食鱼熟，以适其和"。身壮者，食鱼生后，益人气力，因此，广东人特别喜爱此种吃法。

顺德是南越之雄吕嘉的故乡，南越食俗继承最多，又是广东塘鱼最重要的产区，自古就有吃鱼生的习俗。顺德的两龙一江（龙江、龙山）鱼生一向驰名。顺德鱼生被视为正宗的中国鱼生，与日本刺身被视为当今世界两大食生流派。和日本刺身相比，顺德鱼生比较大众，所选主料多为淡水鱼片，且配料、调料不下20种。如今经过历代顺德厨师的精心改进，顺德鱼生的吃法更加多元，生食鱼肉的遗风也得以发扬。

清脆可口的顺德鱼生

第二节　走南闯北的顺德大厨：林剑业

顺德人喜食鱼、善烹鱼闻名天下。鱼头、鱼嘴、鱼皮、鱼肠、鱼肉、鱼腩、鱼尾、鱼泡（鱼

鳔）、鱼骨、鱼子……在顺德厨师手中，鱼身上下无一不可成佳肴，简
直达到出神入化的境地。

鱼生所用的食材是草鱼，传统的顺德吃法一般是两吃，而祥源坊的
林剑业却真正地做到物尽其用，创造了自己独有的一鱼六吃。凭借这道
菜，林剑业只用了两年时间，便在顺德站稳脚跟，也征服了对吃和美食
最挑剔的顺德人。无论是地道的顺德食客，还是来自全国的游客都会到
这里一探究竟。

林剑业生于厨师之乡顺德，从19岁从厨至今，已经躬耕后厨三十
年。作为主厨，他每天在晨会上都会反复强调后厨纪律，其中最重要的
一条就是"所有的食材必须极致新鲜"。

"顺德是一个鱼米之乡，我们从小就是吃鱼长大的。顺德人吃鱼，
只要一口就可以分辨新鲜与否，活的鱼肉质紧实，不太生猛的鱼则肉质
松散。"

在顺德，人们认为鱼被捉时受了惊吓，时间长了，尽管仍能游水如

常，但属不鲜，蒸熟之后只剩下一碟鱼水，他们把这类鱼叫作"失魂鱼"。顺德人推崇的是即捕即烹的生猛河鲜，未被长时间消耗且神定魂宁的鱼才算鲜。至于在酒楼海鲜池里"待命"的水库鱼类，必须养在安静的净水中，"安神"15天，使之心情平复再作处理。见它们在水中慢悠悠地向着同一方向静止或极缓慢游动时，说明处理的时机到了。

林剑业的刀工堪称一绝，宰鱼讲究一个"快"字。做鱼生用桑刀，桑刀轻巧薄快，有吹毛立断的功效。刀快，宰鱼放血时鱼不觉痛，始终保持旺盛的生命力。刀快加上刀工好，鱼片上碟快，不然鱼肉在人手上时间久了，人

林剑业十分强调后厨纪律

的体温会使鱼片"生潺"（出水）。行语"活造"是指鲜活全鱼从剖腹、起肉、切片到上碟，摆好造型上桌，仅需8分钟，保证鱼肉鲜活。

花样吃鱼

第三节 一鱼六吃的筷间狂欢

"因为从小被教育不能够浪费食物，所以每一条鱼我都要物尽其用。"

无骨的部分切片做成鱼生，选取鱼身肉质最厚实的部分，用高超的刀工将鱼肉片成一层层的薄片。在碟子中放入少许葱白，少量子姜丝、洋葱、青椒、几片藠头，一点柠檬草和炸芋丝，撒上芝麻和花生，最后的关键是滴上几滴土榨花生油，与鱼生搅拌，香气瞬间爆发。

暗红色鱼肉部分切开煮粥，鱼肉浸泡在滚烫的粥水中，口感细腻，鲜味十足。

鱼头也是美味之一，清蒸最能展现食材的原汁原味。

鱼骨煎焗，口感酥脆鲜香。

鱼肠用于煎蛋，鱼肠的独特口感，搭配嫩滑的鸡蛋，搭配起来别具风格。

林剑业早年也走南闯北，将多年的经验融入顺德菜系当中，用北方凉菜的做法创新凉拌鱼皮。

一鱼六吃只是顺德人百种花样吃鱼的缩影。靠山吃山，靠水吃水，顺德人对鱼料理的钻研与讲究，来到这里，食客们都会对"鱼"重新作出定义。

◍ 在顺德体验鱼的多样吃法

叁

一煲

靓汤,

越喝越有味

汤,是人们所吃的各种食物中最富营养、最易消化的品种之一,不仅味道鲜美,而且营养物质溶于水中,极易消化吸收;作为丰富多彩的中华饮食文化中的一朵奇葩,汤文化传承了华夏饮食的精髓,映射着中华民族的智慧和创造力。

第一节 老广的靓汤执念

在汉语中，"汤"一词的含义经过了漫长的演变过程。在中国古代，"汤"首先指的是沸水、热水，后来则多指中药汤剂。

"汤"的本义是沸水、热水，如《孟子》中说"冬日则饮汤，夏日则饮水"，意思是冬天喝热水，夏天喝凉水。"汤"从热水中引申出汤药的意思，汉代已经有了，如《史记》中记载"臣意即为柔汤使服之，十八日所而病愈"，汤药须熬煮用于治病，若不治病而是强身，则成为保健饮料。到了南北朝，"汤"又有了保健汤的意义，如甘草汤、醒酒汤。到了宋代，"汤"更是成为和酒、茶并称的第三大饮料，如《梦溪笔谈》中记载，"待制以上见，则言'请某官'，更不屈揖，临退仍进汤"。此时，"汤"常常与"茶"连在一起称为"茶汤"。到了元朝，"汤"开始用于菜汤之意，如《水浒传》写道，"宋江因见了这两人，心中欢喜，吃了几杯，忽然心里想要鱼辣汤吃"。但是，"汤"的这种意思一直到明清都很少见，而且明清以前主要指的是熬煮的浓汁食物。明清之际，"汤"开

▶
汤
料

始逐渐与今天的意思接近。

在广东人的饮食养生习惯中，"宁可食无肉，不可食无汤"的观念深入人心。广东老火靓汤又称为广府汤，是广府人传承数千年的食补养生秘方。

据考，广府人喝老火靓汤的历史由来有二：一来，岭南地区气候炎热潮湿，长期居住于此，热毒湿气侵身不可避免，要解热毒湿气，只有依靠中医治疗才能固本，于是粤人祖先结合中医药理，取药之功效，使入口甘甜，创造了适合一年四季食用的汤水配方。①

二来，广州作为华南重要的通商口岸，从唐宋开始，已经有了药材大宗买卖，广东的中医也因此兴盛。中药讲究以肉做引，佐以

◎ 宁可食无肉，不可食无汤

---

① 袁淑灵，刘映承. 广东驰名的老火靓汤[J]. 烹调知识，2009（15）：20-21.

各类草本，注水，文火长时间煎焙，作为救人治病的药方。

因此，广东的老火靓汤渗透着中医"医食同源"的饮食理念。中医认为汤能健脾开胃、利咽润喉、祛热散湿、补益强身。广东的老火靓汤则将这种中医养生保健理念运用到极致，在人们的日常养生、防治疾病、病后康复以及强身健体、美容养颜等诸多方面都发挥了重要的作用。

广东汤品制作方法可分为三大类：一滚二炖三老火。

滚汤，类似北方的"打汤"。三滚两滚即能食用，例如紫菜肉丝汤、皮蛋芫茜汤等。

炖汤，是汤中贵族。炖汤需要专门的、具有双重盖的炖盅，材质通常有紫砂和白瓷两种，以前者为更好。炖汤时将所有材料加入炖盅，绵纸密封，放进大蒸笼隔水炖五六个小时，热力虽减，却均匀绵长，如白菜胆炖鱼翅、冬虫草炖水鱼、椰子炖官燕等。

老火汤，是广东汤一族的主角，亦是粤人生活中标志性的饮食文化。老火汤的特点是煲制时间长、火候足、味鲜美，传统常用瓦煲来煲，水开后放进汤料，煮沸，将火调小，慢慢煲制三五个小时而成。老火汤选料广博，注重食材搭配，讲究营养，亦擅长根据人体所需配以中药，应季靓补。家庭常用汤料可以是鸡、鱼、肉等，酒家饭店则更为讲究，常采用甲鱼、乳鸽、乌鸡、鱼翅、鲍鱼或其他山珍海味；煲汤时常加入霸王花、鸡骨草、广昆布等岭南特色中草药以及其他药材辅料如北芪、党参、沙参、淮山、杞子、红枣、人参、花旗参等。代表性的老火汤有霸王花猪肉汤、半边莲炖鱼尾、冬瓜荷叶炖水鸭、冬虫草竹丝鸡汤、椰子鸡汤、西洋菜猪骨汤等等。

粤人崇尚食疗养生的生活方式，视汤为滋补养生佳品，在汤的选择上要求严格，讲究因时制宜、因人施膳、选料配伍。正因如此，汤虽是粤菜饮食中最为普通的馔食，但它所包含的烹饪技艺、调味功能和食疗作用，远非其他馔食所能企及。

第二节　暖心暖胃的老广汤铺：靓汤余

　　在广东人餐桌上，"宁可食无菜，不可食无汤"。根据不同时令煲制不同汤水是老广们隐藏的独门绝技。在一年四季各式汤水的滋润下，广东人把"家"和"老火汤"联系了起来。一碗煲足三个小时的靓汤，是无数走南闯北的游子独有的乡愁。

　　在广州，有一家炖品种类最多的炖汤店——信行丰炖品皇，凭着一盅盅用心的炖汤，成为让街坊们日常暖心暖胃的存在。"广东人饮汤，靓仔们都已经习惯了饮老爸老妈煲的汤。"了解到越来越多的年轻人开始注重健康营养，加上许多食客自小喝"妈子靓汤"的饮食习惯在日渐忙碌的生活中得不到满足，炖品皇创始人余师傅决定开始做炖品，为行色匆匆的人们提供一口营养美味的暖汤，一个缓下脚步的理由。

　　为了让食客们能喝到最地道的炖汤，从1983年起，余师傅就开始研究炖品，他不断钻研中医理论，搭配药材，不断试验，花费了大半生心血在炖品上。余师傅每天六点起来搭配炖品食材，经过四小时的蒸炖，炖品出炉售出，40年来，日日如此。经过余师傅不断地研发和革新，炖品皇从最初的20多个品种到现在的66个品种，成为广州品种最多、功效最好的炖汤店。炖品皇还会根据季节、食客的不同需求来炖煮和推荐炖汤。密密麻麻的菜单上，不仅书写着炖品皇的经年积累，更留存着粤菜大师的匠人温度。

"信行丰"的名字背后也有着一个温暖的故事，"信行丰"三字分别取自余师傅一家三口名字中的一字。"从前叫作炖品皇，可以说是全广东独我们一家，随着店铺开始变旺，仿制的越来越多，于是我们就选择更名，我叫信，我老婆叫行，儿子叫丰，所以就叫信行丰了。"浓厚的家庭观念也让儿子决定从美国回来与家人团聚，继承汤店，继续把温暖的靓汤传递下去。

现在，信行丰已经成了街坊心目中的暖心品牌，将爱与真诚融入汤里，以美味和浓情呵护街坊的味蕾与胃。

将爱与真诚融入汤里

第三节　原汁原味的老火靓汤

　　老广在汤的选择上要求严格，且会根据饮汤人的身体状况和保健需要，选择煲制具有不同功效的靓汤。例如，若需要提神补气、行气活血，可以选择煲制花旗参乌鸡汤；需要益气生血、滋阴补肾，则选择煲制淮山枸杞甲鱼汤；需要清润滋阴、健脾开胃，便选择煲木瓜花生鲫鱼汤；需要驱寒祛风、补脑提神，可以选择煲制天麻沙参鱼头汤。

　　广东人饮汤还会顺应四季自然变化，讲究因时制宜，随季节的变化烹制不同的汤品。

　　春季人容易阳气升发、肝阳易亢、肠胃积滞。因而春季的汤饮食养生多为清补养肝、通利肠胃，春季进补汤水可以提高免疫力、预防

感冒，有增强体力、强壮身体的作用。春季常见的汤有春笋炖鸡、红枣枸杞煲排骨等。

夏季人容易暑热偏盛，汗多耗气伤津，脾胃功能减弱。夏季饮食养生宜清暑利湿，益气生津，烹制清热解暑、泻火解毒的汤，如常见的苦瓜炖排骨、绿豆汤、冬瓜薏米煲鸭等，这些汤品味道清甜香浓，不仅清热解毒、消暑祛湿，还具有减肥消脂、美白祛痘的食疗功效。

秋季人容易津亏体燥，易致津伤肺燥。秋季饮食养生宜生津润燥，滋阴润肺，广东汤则选用一些烦躁不腻、平补之品烹制，例如莲子、桂圆、茭白，常见的秋季汤主要有冰糖炖银耳、鲜陈肾煲金银菜、金银菜煲猪肺等，这些汤清热润肺益气，是秋季的佳肴。

冬季属肾主藏精，为四季进补最佳季节，故冬季饮食养生宜温补助阳、补肾益精，如羊肉海参汤、虫草炖鸡等。

广东汤饮食传承了华南地区饮食的精华，映射着中华民族的智慧和创造力。在中国汤饮食的历史积淀中，广东汤最为丰富，形成了独具特色的汤文化。

▽
广东具有独具特色的汤文化

肆

不打
边炉，何以慰人生

对嗜食的老广来说，面对寒暑冷热，吃是应对消解的最好方式。冬春两令，天气寒冷，「围炉而食」的打边炉便成了人们暖心暖胃、御冬驱寒的不二之选。

第一节 站着吃的打边炉

打边炉的雏形最早以"不乃羹"出现在唐人刘恂所著、后为鲁迅校勘的《岭表录异》卷上：

"交趾之人重'不乃羹'。羹以羊鹿鸡猪肉和骨同一釜煮之，令极肥浓，滤去肉，进之葱姜，调以五味，贮以盆器，置之盘中。羹中有嘴银杓，可受一升。即揖让，多自主人先举，即满斟一杓，纳嘴入鼻，仰首徐倾之，饮尽传杓，如酒巡行之。吃羹了，然后续以诸馔，谓之'不乃会'（亦呼为先嚼也）。交趾人或经营事务，弥缝权要，但设此会，无不谐者。"

"不乃羹"的制法类似今日火锅汤料，曾流行于交趾地区。交趾为古代越人居住之地，故当是越俗流传。越人用"鼻饮"之法喝汤，名"不乃羹"；当"鼻饮"之法失传后，将肉、汤一起食用，名"谷董羹"。

《苏轼文集》中也有记载："罗浮颖老取凡饮食杂烹之，名谷董羹，坐客皆曰善。""谷董"就是煮东西时汤水发出的"咕咚咕咚"的声音。

南宋曾慥《高斋漫录》载："禅林有食不尽物，皆投大釜中煮之，名谷（骨）董羹。东坡所用乃此事也，亦前人所未用。"

唐朝南方越人的"不乃羹"，发展到南宋叫"谷董羹"，到了清代就成了广东火锅"打边炉"，广东地方志和诗文上有大量记载。例如：

清代关涵《岭南随笔》"南言略上"条："骨董羹，冬至日粤人作丸糍祭室神，并杂鱼肉煮。东坡谓之骨董羹，又称打边炉，谓环坐而食也。"

清乾隆十五年刻本《顺德县志》："十一月'冬至'祀祖，燕宗族。风寒召客，则以鱼、肉、腊味、蚬、菜杂煮烹，环鼎而食，谓之'边炉'，即东坡之骨董羹。"

打边炉的"打"，就是指"涮"的动作。为什么叫"边炉"呢？据《广州语本字》解释，因置炉于人的左右，人守在炉边，将食物边涮边吃，所以叫打边炉。

广式打边炉分为"打锅"和"打煲"两种，以烹制的方式区分：生料上桌，边煮边吃为锅；熟料上桌，边煮边吃为煲。广州"打边炉"花样繁多，无论酒楼饭馆或家庭便餐的"边炉"皆以肉菜并重。肉以河鲜海产为主，选料以鲜货为主。如鱿鱼、生鱼、大虾、猪、牛、羊肉或内脏均可切成薄片，有些捣成肉泥（即肉滑），各式其样，丰俭由人，围炉而食成为广州人冬季的美味记忆。

第二节　寻找"菜魂"：新哥

每天营业8小时，只有26张桌的餐厅，一天接待600人，翻台率6次，在餐饮繁荣、口味多元的深圳，禄婶鸡煲·香港打边炉创造的行业奇迹一时间成为餐饮界的焦点。

禄婶鸡煲店内使用大面积的柔和绿色为主调，加上少量金色与红色点缀，让人仿佛置身于90年代的老港餐厅。经典的灯饰，精致的栅栏隔断，惹眼的麻将墙，还有悠悠回荡的经典怀旧金曲，再加上"禄婶"这一句亲切的称呼，每一处细节都

打边炉暖心暖胃

丰俭由人的打边炉

体现浓郁的人情味。在提供原汁原味的新鲜香港打边炉的同时，禄婶也在不断满足食客对怀旧港风的好奇。

很早之前，禄婶鸡煲创始人洪佳子就希望这个品牌不单单仅为食客们提供一种风味，更多的是展示一种包容的社会文化。禄婶鸡煲汇聚了香港的社区人文特色，展现霓虹灯背后的市井风情，是经过时间沉淀的、极致的美食情感作品。这一点，恰恰与洪佳子提出的"回归食材、回归简约"的理念不谋而合。

在很多消费者眼中，打边炉无疑是最简单的料理方式，只需要将食物准备停当，往煮开的汤里一煮一涮即成，基本无须大厨。然而禄婶鸡煲的主厨黄佳新却不这么认为："我们筛选了上百次食材，把不同的食材排列组合进行搭配，最终才成就了这一锅汤底。"禄婶鸡煲主打港式打边炉，汤底素来以滋补出名，不吝食材，汤色怡人，各式山珍海味都能往锅里涮，到了嘴里还是食材本身最鲜美的味道。

黄佳新和洪佳子认识十几年了，洪佳子觉得黄佳新就是一个厨痴："眼看着新哥的身型从一个瘦瘦的小伙子成长为一个大胖厨子，他非常专注于菜品的研发。有一次连续试了一个礼拜的菜，又是痛风，又是腰椎间盘突出，尽管这样他第二天还是按时上班，继续试验新的菜品。"

"用心挑选材料，走出市场学习人家比较好的东西，融合自己的技术，呈现出比别人再优秀一些的产品出来。"正是黄佳新对厨艺的韧劲，造就了禄婶鸡煲一个又一个惊艳食客的菜品，而正是这些匠心孕育的美食，让更多的食客得以通过味蕾，感受香港的繁华市井和烟火风情。

第三节　朋克养生：花胶鸡打边炉

花胶鸡是粤式火锅里的王者，因为花胶而身价倍增。花胶是干制的鱼肚，把食物制成干货是古老的储存方法。古时保鲜条件有限，人们把河海鲜、肉类和蔬果晒干或风干，食物经过脱水不仅能够抑制细菌滋生，还能促进酵素的作用，使风味分子之间互相反应，产生出与鲜货截然不同的味道，别有一番风味。

从中医角度来看，花胶极有滋补食疗作用，《本草纲目》记载：花胶能补肾益精，滋养筋脉，能治疗肾虚滑精及产后风痉。花胶含丰富的高级胶原蛋白质，具滋阴养颜、补肾、强壮机能。腰膝酸软，身体虚弱的人，最适宜经常食用花胶。

禄婶鸡煲的招牌花胶鸡煲可谓是大有来头：精心挑选山上放养的走地鸡，本地的猪龙骨、猪蹄、猪筋、黄花、鱼胶等十几种原材料。慢火熬制十二个钟头以上，食材在水中碰撞，沸腾出了新的滋味。熬制出来的汤底是金黄色的，非常浓稠且具有营养价值。

这道金牌花胶浓汤鸡煲是菜单上的头牌，也是各类美食APP好评非常多的菜品。选用品质上乘的花胶，足料下锅，黄澄澄的鸡汤与花胶融为一体，精华凝聚一锅，汤汁略带黏性，口感温润，鲜甜兼并。

▼ 花胶鸡是粤式火锅的王者

伍

丰俭由人的

母米粥

「有米不见米，只取米精华」，指的便是由智慧的顺德厨师研制出的母米粥。以母米粥作为锅底的粥底火锅，已连续两年荣登美食平台必吃榜单，这项粥水技艺更是被列入非物质文化遗产，成为岭南火锅的代表。

第一节 鱼米之乡的天才发明

自古以来，粥便是中国广大地区居民喜爱的主食形式之一，《周书》说"黄帝始烹谷为粥"，可见中国人民食粥的习惯由来已久。

以粥养生无疑是古人的一大宝贵经验。北宋诗人张耒《粥记》写道："每晨起，食粥一大碗，空腹胃虚，谷气便作，所补不细，又极柔腻，与肠胃相得，最为饮食之良。"南宋诗人陆放翁的《食粥》诗中，对粥的养生之功说得更加明白："世人个个学长年，不悟长年在目前。我得宛丘平易法，只将食粥致神仙。"

在"鱼米之乡"广东顺德也有一道具有降火养颜、保护食道肠胃的功效的新式"粥"：毋米粥，从2002年开始风靡广东。"毋"同"无"，毋米粥意指"有米不见米，只取米精华"，是一种"找不到一粒米的粥底火锅"，极具创新性，足见顺德厨师的巧思与积淀。

食在广州，厨出凤城。这句话精确地概括了顺德饮食文化的地位。在粤菜的形成、发展、兴盛过程中，顺德菜起到了积

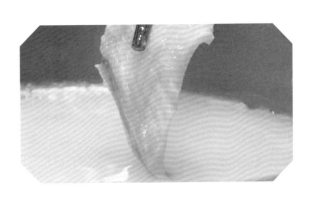

有米不见米，只取米精华

极的推动作用，顺德厨师更是做出了创造性的巨大贡献。如粤菜的代表菜大良炒牛奶、柱侯类食品、凤城小炒等，都出自顺德；粤菜最具特色的烹饪方法软炒、软炸等，也出自顺德；而在粤菜尤其是广州菜的制作者中，顺德厨师占据着重要地位。清代梁介香《凤城梦游录》说："顺德乳蜜之乡，言饮食，广州逊其精美。"许多饮食评论更是将顺德视为粤菜的重要支柱、粤菜之源。

近代历史中，顺德厨师依然是粤菜领域中极其活跃的存在，海内外影响力极高。据谭元亨《广府海韵》载，18世纪末19世纪初，顺德厨师就凭借烹饪技术走天下，在中国广州、香港、澳门等地以及新加坡、法国、美国乃至非洲等，都有顺德人开的餐馆，"在海外，顺德饭店每每是粤菜会所"。由此可管窥顺德菜、顺德厨师在粤菜中的突出地位。

△ 毋米粥作火锅粥底极具创新性

顺德被誉为"中国厨师之乡"，孕育了不计其数的民间厨师和专业从业人员。20世纪初，一批顺德女子到广州、港澳和东南亚各地当佣人，人称"妈姐"，她们精妙的烹饪技术让人赞不绝口，形成粤菜中独具特色的"妈姐菜"。直到新中国成立后，在顺德厨师中涌现了一批又一批烹饪大师和名师，并且被载入了史册。比如，顺德人黎和，早在20世纪50年代就是广州十大名厨之一，在后来的全国烹饪大赛上获得优秀厨师称号；康辉，1982年参加法国第25届国际美食博览会，被法国名厨协会授予烹饪大师称号；萧良初，曾荣获莱比锡世界烹调表演金奖；潘同，则被意大利同行誉为"东方烹饪魔术师"。如今更是人才辈出，在"中国烹饪名师"中，顺德人就达9位之多。他们作为一支主力军，与众多的粤菜厨师一道，共同创造了粤菜的灿烂与辉煌。

可以展望，全民皆厨的顺德将来还会涌现大批精益求精、勇于创新的粤菜大师，见证粤菜的辉煌，促进粤菜的繁荣。

第二节　"佛系"大厨：何杰标

顺德是一个卧虎藏龙、人人皆厨的美食江湖，这里不乏大隐隐于市的小店，更有佛系十足的大厨。山泉粥的创始人何杰标是地道的顺德人，在饭店长大的他，从小就受到从厨的父亲的熏陶，对于刀工、食材、调味有着过人的讲究。

何杰标从厨多年，也曾走南闯北，日夜拼搏，如今他决定回归田园，带着"佛系"心态，拥抱自然，钻研自己的兴趣。在他的小院里，经过无数次的实验，何杰标对粥底火锅的厨艺悟出了一套自己的心得。

毋米粥经过细细地熬煮，米粒充分溶解到水中，不仅保留了米的营养价值，又能包裹住食材的鲜嫩口感。用粥水做锅底，海鲜贝

类奠定火锅底味；鱼、肉和蔬菜渐次入锅涮煮，让美味层层铺陈。

　　"食出真味"是顺德厨师的一贯追求。何杰标虽然"佛系"，但是对于食物的真味也有着他的坚持："我们只使用健康原始的食材，把食材的本味还原到极致。"以鱼为例，山泉粥为了去除浅水鱼特有的土腥味下了很多功夫，"鱼从鱼塘捕捞上来后，不能马上就吃，最好是用山泉水或者是井水养上十几天，把它体内的东西排干净。"

　　除了新鲜本味以外，山泉粥也因其菜品健康而扬名。对于健康烹饪，何杰标解释道："因为我妈妈病了差不多三四十年，她的身体一直都不好，所以我从小就对身体健康非常重视，从心里希望能够做一些健康的、绿色的、环保的食品，这个疫情更加坚定了我的想法，所以更加坚持对健康饮食的探索。"

　　因此，他在每一处细节上都严格把控，使用天然绿色的食材，

◈ 厨出凤城

多数采摘于自家小院，调味品也仅限于盐、酱油等传统调料。这使得他的店在口味口感上独树一帜，成为很多外地游客来顺德的必到之处。

何杰标对于本味的追求，以及食客们的热烈反响，也体现了顺德饮食文化的内涵——享受生活中的真善美。"一粥一饭，当思来之不易"。精心烹饪食物，认真品尝食物，正是这里的人们热爱生活、享受生活的体现。

第三节　山泉毋米粥火锅

粥底火锅并非新发明，从前顺德鱼塘公就喜欢在沸粥中放鱼片，一些大排档也兼营滚粥打边炉，只是由于粥渣经大火加热容易粘在锅底变煳而未能普及。粥底火锅首先改进和完善了粥底的

⬥ 顺德厨师坚持追求本味

041

制法，把岭南传统的生滚粥与清水火锅的做法结合起来，后来经过大良毋米粥等店重新包装、融合、提升，成为一种流行的饮食方式。

粥底火锅的吃法讲究：先涮海鲜、河鲜，然后肉类，最后蔬菜，这样的涮菜顺序，最能锁住食材味道的鲜美。粥水在放入海鲜河鲜滚过后，鲜味最为诱人，追求清鲜原味的食客，可在此时先舀上一碗；若要味道再丰富些，需得加入肉类再滚，此时鲜甜俱全，也是吃粥的大好时机；而更多的人还是选择在涮完所有肉之后，加入菜心粒小滚两分钟再吃，口感最好。

毋米粥的粥底熬制大有学问：用米和水，经过长时间的精心熬制，使米和水完全融合，只留米粥中的各种矿物质、蛋白质和淀粉。粥水浓稠，色泽柔白，味道清甜，但肉眼几乎看不见任何米粒。只取米精华，闻起来有淡淡的米香。

在何杰标的认知里，一煲好粥底火锅，必须有三要素：好米，好水，好食材。

米：精选新兴六祖镇早稻的米，而且是农村自己用米机干磨的粗车米最为理想。市面上的米大多是规模化种植的商品米，用水磨精车方式把米表面最有营养的表皮去掉了，且加入防腐剂，所以这些米能够存放一两年都不会生虫。但这些米煲不出好粥来，山泉粥采用的都是农村小规模自产的干磨粳米，所以粥的表面米胶米油相当丰富，富有营养，嫩滑可口。

水：山泉粥的水采用广州南沙黄山鲁国家森林公园的山泉水，水质清甜，矿物质丰富，是可以直接饮用的优质山泉水。何杰标每周开车往返多次到南沙取水，即使成本高，也希望用好水来保持好出品。

食材：粥底火锅对食材的要求非常高，因为没有过多的调味料，能够最大程度地品尝到食材的原味。所以不管任何食材都必须新鲜，最好是无污染野生状态下生长的食材。这样的食材极难找到，有也不多。但是山泉粥的合伙人们凭借着20多年寻找优质食材的经验，整合了一批各地的优质供应商支持，店里的食材都是千挑万选的优质食材，一试便知。

山泉粥因菜品健康而扬名

榕树头
的美味传说

广州芳村街头有一棵老榕树，榕树头有一间叹佬鸡煲大排档，一到晚上便热闹非凡。

有一次城管巡查，食客们被迫离开，有人实在是舍不得香喷喷的鸡煲，于是搬起鸡煲来到榕树下，蹲在地上吃得畅快淋漓。老广们对于美食的「沉迷」令人咋舌，一锅叹佬鸡煲吃出了『叹』的真谛。

第一节　老广的"叹"之道

夏夜凉风吹拂，驱散了一天的闷热。身心舒畅之际，约上三五好友，踢踏着人字拖来到大榕树下的叹佬鸡煲。露天星光下，一锅鸡煲，几瓶啤酒，谈笑"吹水（聊天）"，这就是老广们所能想到的最浪漫的事。粤语里有一个专有名词形容这种状态，叫"叹世界（享受生活）"。"叹"，本义是叹气、赞叹、咏叹等，在粤语里有一个延伸语义，即"享受"，比如：慢慢叹、叹早茶、叹世界等等。在广东人的俗语里，有一句话叫"火烧旗杆——长炭（叹）"，火烧着了旗杆却不着急，反正变成长炭也可以再利用。这种乐天的精神正好契合老广的"叹"之道，"长叹"就是要长长久久地去享受。

"叹"是老广们推崇的一种生活方式，"偷得浮生半日闲"，人们终日戴着脚镣奔波劳碌，也需偶尔停下脚步，悠然享受生活。在广州这座充满活力的大城市，工作、生活的节奏很快，五光十色的诱惑很多，然而老广的"叹"之道是一种回归本真的生活美学。"叹世界"时"虚度时光"，短暂地拒绝

一锅鸡煲、叹世界

快节奏、功能化的消费社会的规训。正如《消费社会》的作者让·鲍德里亚所说："我们生活的时代虽然充满了越来越多的信息，但它却给我们越来越少的意义。"所以我们时常感到空虚。或许坐下来好好吃顿饭就是今日之意义，享受美食和悠闲的背后，可以是亲友的互诉衷肠，也可以是灵魂的妥帖安放。

"叹"也是老广发明的平民哲学，是平凡生活的快乐源泉。张爱玲说："长的是磨难，短的是人生。"人生苦短，及时行乐。无论贫富贵贱，人生百态之酸甜苦辣咸，都可以化作老广叹世界的舌尖美味。广东人经商传统悠久，大多务实精明，"叹"虽然是享受，但并不追求奢华放纵，而是注重实用有效。比如饮食清淡、以鲜为上，最好原汁原味、营养健康。老广们通常穿着简单随意，他们大多认为花在衣服上的钱不如花在吃上。外在的虚荣不能填补灵魂的空虚，但美食可以。味蕾的震颤直达心灵深处，叹美食就是叹人生。

叹美食就是叹人生

第二节　懂生意更懂人情的叹佬：陈永辉

T恤短裤拖鞋，老广的夏季着装标配，陈永辉也不例外。尽管他已经是二三十家分店的老板，但他看上去和一个普通的老广阿叔没什么区别。唯有两个硕大的黑眼圈似乎在提醒人们，叹佬鸡煲的成功是熬过了无数个黑夜之后的灿烂曙光。

20世纪80年代，年轻的陈永辉进了酒楼做帮工。由于自己是左撇子，而大厨们几乎都惯用右手，所以学做菜的过程也比较困难。于是陈永辉决定自己出来创业，大家都说左撇子的人比较聪明，但或许是他的运气不太好，几次创业都以失败告终。一晃人到中年，陈永辉深感自己一事无成，但好在乐观的天性使他扛住了生活的压力。凭着对美食的喜爱，他和妻子开了一家麻辣烫店，事无巨细、面面俱到的服务态度，获得了街坊食客的信赖和喜爱。陈永辉一直秉持着这样的信念：做生意其实就是做人。他对食客就像对朋友一样，对待他们的建议和想法陈永辉都会认真思考。有些老顾客闲聊时提到麻辣烫吃久了想换个口味，于是陈永辉开始尝试做鸡煲。他心里也没底，只是抱着试一试的态度。但没想到反响还不错，他进一步收集顾客的意见，把

陈永辉坚守美食初心

鸡汤煲改良成干锅鸡煲，又根据广东人爱吃海鲜的习惯研制出了鲍鱼鸡煲、九节虾鸡煲、扇贝鸡煲等新品。叹佬鸡煲征服了爱尝鲜的广东人，立马火爆全城，常常通宵爆满，榕树下的桌子添了一张又一张，而陈永辉的黑眼圈也在那时愈加明显。

回顾这些年的辛苦打拼，陈永辉认为自己做对了一点：坚持。虽然几次创业失败，人到中年还得从头做起，但他常说："学无先后，达者为先。"他深知做餐饮行业是"不进则退"，顾客提出的需求其实是推动店家进步的动力。如何持续满足顾客们越来越刁钻的口味？陈永辉总结出了一条秘诀：保证稳定的出品水准，真正做到让顾客一吃难忘，再吃不难。身为厨师，他理解"厨师也是人"，受情绪影响时很难保证菜品质量。与其把希望全都寄托在厨师身上，不如建立一套可靠的运作系统。于是他从源头把关，开发自己的鸡场和海鲜供应链，力求食材新鲜优质。秘制酱料的比例精准控制，并且申请专利保护。从原料供

◐ 叹佬鸡煲征服了爱尝鲜的广东人

应、制作工序到出品服务，统一实施标准化系统运作。此外，严格对加盟店进行筛选、培训、考核，安排督导每周巡店，确保叹佬鸡煲的品质和口碑。如今，叹佬鸡煲已经遍布广东，并且在马来西亚也开了分店，将来会走得更远。

第三节　榕树下的美食：海鲜鸡煲

叹佬鸡煲迅速走红抢占老广舌尖C位，许多店家纷纷跟风也做海鲜鸡煲。在竞争如此激烈的"美食之都"广州，叹佬鸡煲如何站稳脚跟并且不断开店？除了陈永辉精心打造的标准化运作系统，还有宏观视野下的微观聚焦，严格把控每一个细节。陈永辉深知"细节决定成败"的要义，于是他从鸡的大小、酱料的配比到花雕酒的年份，都确保达到既定的标准，保证每一次出品的完美。

在陈永辉看来，食材的品质决定了菜品的80%。尤其是以鲜为上的广东人，向来注重原味和营养，味蕾敏感到一尝便知高下。这和"家"的味道是一样的，妈妈们精心挑选优质食材，即使不擅长烹饪，也不会太难吃。陈永辉致力于还原"家"的温暖，限定优质新鲜的食材，并且进一步打造出"家"的美味。叹佬鸡煲的鸡颇有来头，来自陈永辉自己建立的广西养鸡场，鸡种就是三黄鸡，

限定优质新鲜的食材

饲养天数必须达到130天，处理干净后的鸡不能少于2.2斤，也不能超过2.5斤。这种经过严格筛选的鸡，肉质劲道鲜嫩、汁水饱满，营养价值高。叹佬鸡煲独创的海鲜鸡煲大受欢迎，因为海鲜不是配角，而是货真价实的主角之一，来源于陈永辉打通的海鲜供应链。这些生猛的鲍鱼、扇贝、九节虾等进口自越南、泰国等地，供应商也是叹佬鸡煲的股东之一。海鲜和鸡的搭配相得益彰，海鲜吸收了鸡肉的酱香，鸡肉氤氲着海鲜的鲜香，仿佛浑然天成。

食材可以复制，但是叹佬鸡煲的"秘方"无法复制，这份独创的秘制酱料成功申请了专利。陈永辉分享道："秘制酱料其实不难，主要是酱料的配比。"研发酱料那段时间，他在各种酱料中打转，柱侯酱、黄豆酱、香油、花生油等等，几乎成了酱料专家。他抱着科学家的态度试验了很多次，收集了大量客人的建议，最终确定了一个精准的比例。有了秘制酱料的加持，鸡肉和海鲜更加入味鲜甜，馥郁浓香勾引着舌尖，一吃就停不下来。

　　叹佬鸡煲的做法也别具特色，第一步是"生煎"，借助姜蒜提味煎出生鲜鸡肉的原汁原味。鸡肉煎至金黄后加入秘制酱料，翻炒均匀，确保每一块鸡肉都能裹上美妙的酱汁。然后沿锅边滴入六年陈酿的花雕酒提升鲜味，为了锁住鸡肉的紧致与丰美，不能加一滴水。第二步是"焗"，将带着酱香与酒香的鸡肉放入砂锅中，盖上盖烧至冒烟。此时沿着锅盖滴入花雕酒，酒精蒸发消逝，酒的香气氤氲在锅中与鸡共舞。明火的能量赋予了鸡肉恰到好处的焦香，而花雕酒的醇香袅袅飘散，勾引着人们的味蕾寻香而来。

　　城市发展的脚步远比榕树的年轮增长快得多，由于旧城区改造，芳村榕树头的叹佬鸡煲也逃不过搬迁的命运。虽然地点变了，但不变的是陈永辉推行标准化运作所坚守的匠心出品。食客们依然可以在广州各区乃至广东各地找到叹佬鸡煲，约上三五好友一起来"叹世界"。

♥ 陈永辉坚守匠心出品

柒

姜醋：广东人的专属味道

在广东，有一味特别的『酸』。以前只是产妇坐月子时常吃的传统食物，现在演变成广东常见的一种小吃。这就是『姜醋』，又称『猪脚姜（猪脚姜醋蛋）』。猪脚姜的酸、甜、辣完美融合，既刺激又柔和，令人味蕾为之一振，回味无穷。

第一节 爱吃醋的广东人

醋是中国古代先民的偶然发明，食醋是人们历来的饮食传统之一。传说，在古代的中兴国（今山西省运城市），有个叫杜康的人发明了酒，他儿子黑塔跟他学会了酿酒技术。有一次黑塔在酿酒时发酵过了头，第21天酉时开缸时发现酒液已变酸，但香气扑鼻，且酸中带甜，颇为可口，于是黑塔便把"廿一日"加一"酉"字，给这种酸液起名为"醋"。虽然这只是个传说，但侧面说明中国是世界上最早用谷物酿醋的国家。《周礼》中有记载，周朝时朝廷设有管理醋政之官——"醯人"。直到南北朝，官员、名士之间宴请，把有无醋作调料视为筵席档次高低的一种标准。北魏大农学家贾思勰在《齐民要术》中详尽叙述了23种制醋技术，其中谷物醋用糖化剂有根霉、米曲霉两类，原料糖化、酒化、醋化的复式发酵是中国独特的制醋技术。唐宋时期，出现了以醋作为主要调味的名菜，如葱醋鸡、醋芹等，至此"醋"成为人们饮食生活中必备的调

▶猪脚姜

味品。[①]

　　由于岭南气候湿热、多瘴气，广东人也好这口酸味。然而，"食不厌精"的老广们并不局限于单一的味道，他们擅长运用天然食材，并通过精妙的搭配，以激发食材的本味，让美食的味道更富有层次。比如广东特色的甜醋，原料与熏醋相同，先制成熏坯，再以熏坯和白坯各半，并加入花椒、八角、桂皮、草果和片糖熬制而成。这种甜醋酸味醇和，香甜可口，兼有补益作用，非常适合需要开胃滋补的产后女性。甜醋又叫"添丁甜醋"，顾名思义，就是妇女生了小孩后用于补身的调味醋，在广东通常用来煲姜醋蛋、猪脚姜。按广东传统风俗，在妇女预产期之前半个月就要开始煲猪脚姜，买上好几个大肚瓦煲，装上七八斤甜醋、四五斤老姜、三四斤猪手、十只八只鸡蛋，每天小火熬上一小时。煲的时间越久，滋补的效果越好。妈妈生完宝宝后十二天，是吃姜醋的最佳时机，且最好连续吃半个月，直到坐完月子。家里人也会一起吃姜醋，有的人还会送给亲戚朋友，取个好意头叫"生仔姜"。可以说姜醋是支撑妈妈们挺过虚弱艰难时期的酸甜回忆，也是广东人的专属味道。

第二节　"醋"香不怕巷子深的"姜醋西施"：娟姨

　　当娟姨（杨惠娟）还是阿娟的时候，她就很喜欢吃外婆做的猪脚姜，酸酸甜甜，像少女情窦初开的滋味。后来自己为人妻也做了母亲，为了贴补家用，在开士多店的同时也卖一点自己做的猪脚姜。士多店的生意比较冷清，但猪脚姜却意外受欢迎。经常有客人专门跑来买猪脚姜，还特地打包回去。娟姨发现猪脚姜虽然是产妇坐月子的

---

　　① 杨林娥，李婷，杨宇霞，等. 中国食醋的历史、现状与对策[J]. 中国调味品，2013，38（12）：114-115.

传统食品，但越来越多的人当作平时回味的小吃。于是她决定开始专门做猪脚姜。那是2003年，娟姨在上下九吉鸿居巷口摆摊，没有店名，也没有招牌。然而不论刮风下雨，她坚持日日开档，凭靠一煲好味的姜醋，在上下九"酸"出了名。

然而小摊档很不稳定，于是娟姨搬到巷子里的一间小店，生意愈加红火。可惜后来租期到了，房东拒绝了她的续租请求，并且把娟姨姜醋招牌占为己有，鱼目混珠吸引客人。娟姨很委屈，就好像看着自己辛苦养大的孩子被别人抢走。但老客人一吃便知不是娟姨特有的"酸"，于是假冒的娟姨姜醋就这样被街坊们淘汰了。自从娟姨的猪脚姜红火之后，上下九很多店家跟风也做猪脚姜，但味道始终不如娟姨。虽然她的店越搬越深，但"醋香不怕巷子深"，被人说"捞偏门"的娟姨凭借

○ 娟姨猪脚姜

一碗姜醋在上下九打响了名堂。谁也不曾想过，这道只有在月子期间才能食用的传统小吃竟被搬上了台面，成为上下九必吃的美食清单之一。店门口摆放的一个个老化的姜醋煲，见证了娟姨多年来的辛劳和匠心。醋滴成的糖胶积了厚厚一层，日积月累形成一道奇观，也使老煲成为娟姨的镇店之宝。

对于娟姨来说，姜醋的酸酸甜甜就像是人生中的风风雨雨。一个人守着一间店十几年，其中辛苦滋味难与人言。她时常引用父亲的话说："做生意的人，抬棺材都要靠自己。"老一辈的话哲理深刻，道出了经商的不易。娟姨能把猪脚姜做成招牌，并且坚持这么多年屹立不倒，全在于她的"用心"。严格要求真材实料，每一处细节都一丝不苟，火候的把握精准到仿佛与猪脚共情。这种与食物合一的精神，是很难复制的。多年来有不少人嗅到了猪脚姜的市场气息，上门请求娟姨合作扩店，运行现代餐饮行

△娟姨凭借姜醋在上下九打响名堂

业非常流行的加盟模式。虽然这是打造姜醋商业王国的终南捷径，但娟姨有她的顾虑。猪脚姜的制作方法不难，但过程却十分烦琐，极其考验厨师的经验、耐心和用心。如果别人做得不地道，反而砸了娟姨猪脚姜的招牌。娟姨对自己亲生亲养的"孩子"抱有很深的感情，这家巷子里的小店就是她的人生寄托。凭借一煲姜醋，她培养了一双优秀的儿女，女儿如今在新西兰留学。店里不忙的时候，娟姨会和女儿视频聊天，女儿常常撒娇说想念妈妈做的猪脚姜。娟姨年纪大了，身体不如从前，儿子有时会来店里帮忙。这家写满岁月痕迹的小店几乎就是她的全部生活。

第三节　欲罢不能的"黑暗料理"：猪脚姜

许多外地人第一次吃猪脚姜时都是拒绝的，黑不溜秋的色泽，一股"奇怪"的酸味，劝退了跃跃欲试的味蕾。老广们却偏爱这一剂独特的"黑暗料理"，酸、甜、辣叠加的复合口感，祛风滋补，养生又美味。也有不少游客专门来找娟姨猪脚姜，在猎奇的边缘试探，从一

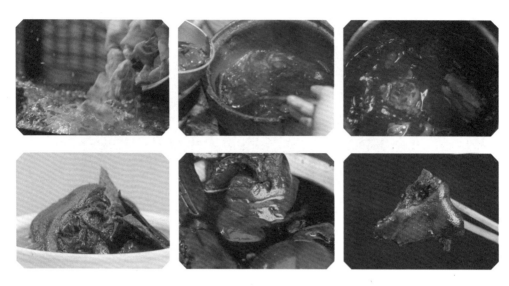

开始的拒绝到后来的欲罢不能、回味无穷。

姜醋（猪脚姜）的构成很简单，主要是在猪脚、姜、醋三种材料的基础上演变。俗话说，越简单的材料对大厨的考验越大。一碗好的猪脚姜，甜、酸、辣之间讲究一种相互平衡的张力。如果只有酸味，这就不是一份"好味"的姜醋。辣味太重则过于刺激，会影响整体的口感。甜味也不能太多，否则会很腻。三者之间存在着一种玄妙的关系，每个人参透的味道都不一样，所以娟姨说："千人做的姜醋，都有不同的味道。"

从原材料开始，娟姨就有自己的严格要求。姜选用的是从化的大肉姜，这种姜比较饱满、纹理清晰，吃起来没有丝丝拉拉的渣感。每一块姜都会仔细去皮，力求呈现最佳的口感。入煲之前还要爆炒，让姜味更香。虽然常说"猪脚姜"，但娟姨选择的是猪手，因为猪手饱满肉多，而猪脚就是一层皮包骨。将猪手斩件过水，捞出备用，这样更好地去除腥味和血沫。再把准备好的鸡蛋冷水下锅进行炖煮，煮熟后的鸡蛋捞出放到冰水里面浸泡一下，这样更加有利于鸡蛋壳的剥离。有的人懒得剥壳，直接将鸡蛋放进煲里，但壳软化之后会影响姜醋的口感，形成沙沙的质地，不够润滑。而娟姨猪脚姜最为人所称道的就是它的口感，滑而不腻，润而不绵，入口甘醇，入喉顺柔。这有赖于娟姨每一步细节都耐心周全。

◆ 千人做的姜醋，都有不同的味道

猪手软糯醇香，汤汁细腻飘香

姜醋（猪脚姜）的关键就是"醋"。可能在大众印象中，醋应该是一股冲鼻的酸味。然而，广东的姜醋不仅不刺鼻，而且还闻起来甜甜的。娟姨用的是广东的添丁甜醋，跟多数人印象中的山西陈醋不同，味道偏酸甜。经过甜醋浸泡，姜的辣味被中和了。此外，甜醋能将猪脚所蕴含的骨胶原浸泡出来，减少其中的肥腻感。而最最关键的是，姜醋（猪脚姜）只用醋不用水，这样煮出来的猪脚姜，味道更加醇厚美味。加水的猪脚姜不仅不利于保存，做出来的味道也会有所变化。在娟姨的妙手调"醋"之下，一煲姜醋才能"甜、酸、辣"完美平衡。

娟姨的姜醋煲，选用的是深口的大肚瓦煲，空间大、受热均匀，可以让猪脚姜更入味。由于醋和铁会发生反应，不能用铁锅煮猪脚姜，最好是用瓦煲或者砂锅。在炖煮的过程中不能用大火，而要用中火或者小火慢煮，这样才能够让猪手软糯醇香，汤汁更加细腻。揭盖之后，香气四溢，飘散到街上吸引着来来往往的行人。娟姨的姜醋（猪脚姜）不需要像产妇食用的"生仔姜"那样煲足一个月，那种姜醋过于滋补，一般人会受不了。娟姨的姜醋通常是煲两三天到一个星期，时间赋能使之浸泡入味，每天煲上半小时到一小时即可。

娟姨开店将近二十年，最让她欣慰的是，一碗姜醋牵系了街坊们的情感回忆。常常有谈恋爱的年轻情侣，专程来店里吃猪脚姜。到后来成家之后，妻子生小孩了，丈夫来店里打包。孩子长大了，全家一起来吃猪脚姜。看着他们一家其乐融融，娟姨露出了幸福满足的笑容。奇妙的是，人们的人生轨迹仿佛通过一碗姜醋，合成了同一轨道的电影。

捌

烟火里的老广味道

烧腊，光听名字就自带烟火气，可谓是老广最熟悉的街头美味。有时候家里来了客人又来不及加菜，师奶（家庭主妇）便会直奔烧味铺『斩料』。所谓『斩料』，就是到广式烧味铺选购熟食回家加菜，粤语里的『料』字意味深长，有充实可靠的含义，『斩料』是对客人的尊重，也是对味蕾的犒赏。

第一节　经典永流传的广式烧腊

广式烧腊一般分为烧味、卤味、腊味三种：烧味类有烧乳猪、烧鹅、烧鸭、烧乳鸽、烧排骨等20多个品种；卤味类有白切鸡、白云猪手、卤水鹅、卤水鸭、卤水肠等近30个品种；腊味类有各种腊肠、腊肉、腊鸭等50多个品种。如此广博的美味发明，成了广东人餐桌上必不可少的传统食品。

回溯烧腊的发迹史，其实作为美食的"烧腊"由来已久。北魏农学名著《齐民要术》"炙法"中就已经总结了烧味的秘诀："炙豚法"，"范炙"，即用文火慢慢烤整只小猪或者鹅、鸭，要求"缓火遥炙，急转勿住"，类似于今日之烤乳猪、烤鸭。[1]广式腊味也走过了漫长的岁月，早在唐朝以前，岭南人便在京城腊味基础上，创制了具有地方特色的腊味。唐宋时期，来华的阿拉伯人和印度人带来灌肠食品，广州厨师们进一步将灌肠制作方法与本地腌制肉食的方法相融合，创作出"中外结合"的广式腊味。[2]到了清代，烤猪和烤鸭名列满汉全席里不可或缺的"双烤"，名震大江南北。清代学者袁枚在《随园食单》中也有对烧腊做法和风味的叙述，名曰"熏煨肉"："先用秋油、酒将肉煨好，带汁上木屑，略熏之，不可太久，使干湿参半，香嫩异常。"[3]现在，全国各地的菜系都有"烧腊"菜式供应，但以广东最为普及，也最为出名。

广式烧腊之所以历久弥新、经典永续，主要是由于其技艺精湛、风味独特。广式烧腊讲究整只原料全套制作，不吝惜花费大量的精力与时间，通过烤制、卤煮、腊干的方式攻克每一

① 张凤. 汉代的炙与炙炉[J]. 四川文物, 2011（02）: 58.
② 周智武. 试论近代广东地区的发酵食品[J]. 南宁职业技术学院学报, 2012, 17（05）: 11.
③ 袁枚. 随园食单[M]. 南京: 南京师范大学出版社, 2018: 81.

寸食材。粤菜以鲜为上，广式烧腊尤以"鲜香"出众，给人以"鲜、香、嫩、松、脆、甜"的口感，力求"鲜而不俗、脆而不焦、肥而不腻、香而不厌"。红烧乳鸽作为广式烧腊里的"小家碧玉"，别有一番精致风味。乳鸽虽小，鲜香俱全。

第二节　追求美味与养生并重的乳鸽专家：徐亚满

徐亚满生于20世纪60年代，相比同龄人而言，时光在她身上多少有些手下留情。年近60岁的她依旧步履矫健、容光焕发。徐亚满坚持每天早上五点半起床，六点去公园打六通拳、跑步，然后骑电动车上班。她深知做厨师的辛苦，没有强健的体魄无法支撑品质和口碑。在深圳，一说起乳鸽，人们就会不约而同地想到"光明乳鸽"。这块金字招牌是一代又一代的老厨师们传承下来的，徐亚满立志要守住这份心血。

创建于20世纪70年代初的深圳光明招待所正是"光明乳鸽"

的"孕育基地"，这家原为光明农场接待访客而设立的招待所饭堂，是最早开始烧制红烧乳鸽的地方，如今已是远近闻名的美食驿站。招待所饭堂经营30多年，"沉淀"出食客最认可、最具特色的"光明三宝"：红烧乳鸽、牛初乳、金银玉米。其中光明红烧乳鸽更是被称为"天下第一鸽"，而主厨徐亚满就是光明乳鸽30多年来的出品保障。

　　1999年，徐亚满怀着年轻的激情与梦想来到光明招待所学厨。由于她勤劳肯干、眼勤手快，很快获得了老师傅的赏识。五年后师傅退休，便把"光明乳鸽"的秘方传给了徐亚满。以前老行当讲究"传男不传女"，但在"改革春风吹满地"的深圳，"不管黑猫白猫，能捉老鼠的就是好猫"。徐亚满不负师傅的厚望，独当一面撑起了乳鸽制作的全过程，并且不断改

乳鸽专家徐亚满

◀ 光明乳鸽被誉为「天下第一鸽」

良优化，将"光明乳鸽"发扬光大。师傅的老方子比较保守，只在卤水中放几味调料。徐亚满凭借自己对中药材的喜好和研究，不断摸索、试验，陆续增加了十几味调料与中药材，提升了乳鸽口味的同时，也丰富了乳鸽的营养价值。追求美味与养生并重的概念，非常契合老广们对于食补养生的执念。

徐亚满刚到招待所时，饭堂每天能销售六七百只乳鸽。到了现在，最忙的时候店里三口大锅要同时做乳鸽，一天就能卖掉一万多只乳鸽。体量巨大还要保持出品水准，是对后厨的严格考验和压力暴击。但徐亚满性格开朗，经常眉眼带笑，即使累得全身是汗，也爽朗地笑着说："因为喜欢这份工，所以不觉得累。"少有女子能够坚持做后厨这么多年，而徐亚满做到了，并且打响了"光明乳鸽"的金字招牌。光明招待所的这道红烧乳鸽多年来获奖无数，被誉为"天下第一鸽"。

专注做乳鸽
做出深圳美食名片

△
徐亚满是光明乳鸽的出品保障

第三节 天下第一鸽：红烧乳鸽

鸽子，在西方是和平的象征，在古代中国是送信使者，而在广东，则是一道绝顶美味。"宁食天上四两，不食地下一斤"，鸽子肉质鲜嫩，具有温补功效，因而受到许多人的喜爱，广东民间素有"一鸽当九鸡"的美誉。

早在春秋战国时期，已有喂养鸽子、食肉与观赏的记述，历史上有关鸽子的趣闻轶事也数不胜数。唐朝宰相张九龄是韶州曲江（今广东韶关市）人，作为一位出色的养鸽人，他曾用鸽子与亲朋通信，号称"飞奴传书"。1925年，张申府做东在广州太平馆宴请周恩来夫妇，祝贺他们新婚之喜。席间有一道菜式令周恩来和邓颖超赞不绝口，便是红烧乳鸽。风味独佳以至于念念不忘，成了周氏夫妇每次到

太平馆都必点的一道美味。后来红烧乳鸽担当广州太平馆的招牌菜式，深得街坊的喜欢。

在广东，红烧乳鸽是遍地开花的平民美食，深圳"光明乳鸽"为何能够脱颖而出荣获"天下第一鸽"的美名？可以说这位"出道鸽"是"天赋异禀"，并且"后天努力"。光明招待所的红烧乳鸽有一个别的鸽子无法比拟的天生优势，那就是一锅三十年的陈年酱香老卤水。老师傅留下来的卤水传给了徐亚满，三十年来浸煮过数不胜数的鸽子，日积月累的时间赋能使卤水吸收了鸽子的精华，滴滴甘醇，妙不可言。每一只新鲜的鸽子都能在卤水的时间河流中尽情畅游，并且获得中药材成员的倾情加持，比如桂皮、八角、甘草、沙姜、南姜、陈皮、罗汉果等等，尔后带着馥郁芬芳的气质"上岸"。最后在徐亚满掌控的油温舞台中炸至金黄，成为一只正宗的"光明乳鸽"。这，就是"天下第一鸽"的出道之路。

广东人会吃，至于红烧乳鸽的吃法也颇有讲究。吃乳鸽的时候一定要吩咐服务生，不必把乳鸽斩件，因为只有一整只完整的乳鸽，才可以锁住乳鸽体内丰美的汁水。接下来就是撕扯、啃咬、咀嚼、吮

红烧乳鸽是广东遍地开花的平民美食

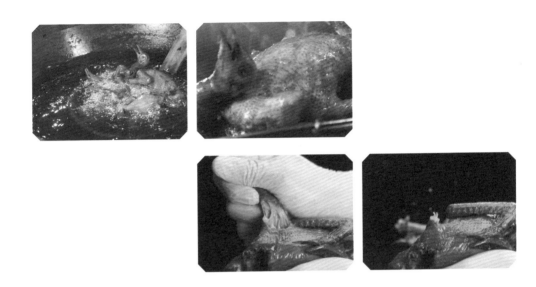

红烧乳鸽、皮脆酥香

吸等一系列动作，这种自人类始祖遗传下来的原始野蛮吃法才是乳鸽的正确打开方式。一只正宗的"光明乳鸽"，色泽金红光亮，肉体饱满，腹含卤汁，油脂盈润。一口下去，唇齿交欢，满嘴流油，即元神出窍之时。皮、骨、肉连而不脱，然入口即离，骨头的滋味藏得愈深，愈发吸引舌齿的进一步探索。红烧乳鸽，皮脆酥香，肉滑鲜美，骨软香浓，人间美味之至哉！

第四节　港式烧腊正宗：黄惠军

港式烧腊与广式烧腊一脉相承，可以说是有了广式才有港式。老一辈师傅从广州来香港后，为了符合香港人的口味便喊作港式。内地的港式茶餐厅很多，但真正正宗的并不多。深圳有一间新发烧腊茶餐厅，本店源自香港，老板、厨师都是香港人，港味纯正。老板郑志伟自称"餐二代"，他将父亲在香港创办的新发带到了深圳。新发在深圳开了18年，最初深圳的食客还没有喝下午茶的习惯，对港式的菜品接受度也不

高，客人大多是香港人，局限性特别大。经过多年的经营和
文化交融，深圳现在的下午茶也非常兴盛，住在周围的人纷
纷养成了来茶餐厅吃饭的习惯。人们的下午茶习惯也在不断
改变，烧腊的点单率比较高。最开始下午茶时人们一般会点
菠萝油、西多士、三明治、冻奶茶、冻柠茶这些传统的茶
点，现在年轻人生活方式不断变化，下午吃正餐的人也很
多。餐厅全年无休，食客随时都可以品尝美食，全天24小时
营业。

　　大厨黄惠军生于1961年，最开始在粤菜酒楼做厨师，
1996年到香港新发烧腊茶餐厅。烧腊是在香港跟着专门的师
傅学的，经朋友介绍，新发创始人郑老先生把黄惠军挖到了
新发。下午茶对黄惠军来说，是从小就养成的一种文化习
惯，有很多种菜品可以选择，不会吃腻。况且比起吃东西，

◆ 港式烧腊与广式烧腊一脉相承

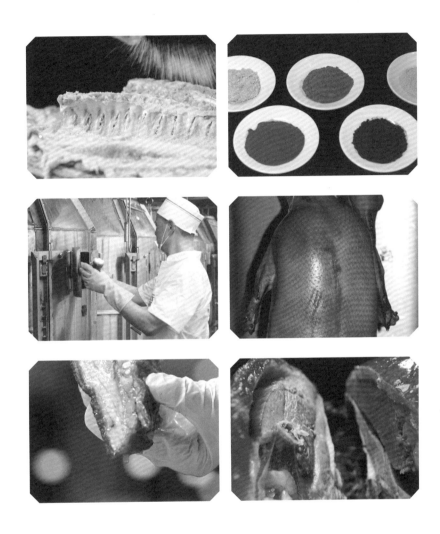

人间烟火味，最抚凡人心

他更享受的是朋友们一起聊天的过程，有一种归宿感，这已经成为他生活的一部分。家中并没有其他人从事厨师行业，孩子更愿意读书，不愿意在厨房吃苦。不过他看到餐厅的事业蒸蒸日上，客人们都爱吃，心里非常有成就感。黄惠军平时喜欢骑车运动，他认为锻炼好身体才能应付一天繁忙的工作。虽然年近60，但黄惠军依然坚持每星期至少有4天去骑车，他曾经最远一次骑车240公里抵达惠东观音山。

第五节　港式下午茶三宝：烧腩肉、菠萝油、冻鸳鸯

　　茶餐厅是香港市井文化的标志。在香港街头，每隔三五间店铺就会有一间茶餐厅。香港的茶餐厅有数百年历史，最早源自售卖廉价仿西式食物的"冰室"，过去狭窄的卡座还有头顶摇晃的风扇，使得它更像是香港的"平民食堂"。事实上，茶餐厅的特色也正体现了香港人的价值取向——速度要快、搭配要多变化、价钱要实惠、行事方式中西合璧。总共二三十平方米的门面和厨房，环境说不上优雅，却可以包容几百种食物。茶餐厅亦中亦西，把世界宇宙包罗在碗筷刀叉之间，是具体而微的全球化象征。大多数人对茶餐厅的印象最早来自于港剧，谈情说爱、黑帮火拼都发生在茶餐厅，《花样年华》里张曼玉和梁朝伟见面吃饭就在茶餐厅。

　　现代人习惯了繁忙的快节奏都市生活，下午茶能够让人从紧张的工作中放松下来，这时候去茶餐厅里吃一些西式茶点，比如刚出炉的菠萝油（菠萝包夹一块冰鲜黄油），再配上一杯冻鸳鸯，让疲累感一扫而空。似乎提到"下午茶"，很多人第一反应就是英伦下午茶。其实早在茶圣陆羽的年代，人们就开始用精美的茶具搭配甜点来喝下午茶。新疆发掘的唐墓中，就出土过一种梅花点心，也"进口"了不少西域的乳酪、胡饼，当时的文人、宫廷仕女最时兴举办茶会，席上甚至还有"酪樱桃""玉露冻酥"这种夏日消暑的冰凉甜点。广东的下午茶点更偏西式还有一个原因，以前香港在工厂、写字楼、报社上班的人们，常在每天下午三点一刻就凑钱，打电话到茶餐厅叫点心，但早年的茶餐厅无非是奶茶、咖啡、柠檬茶，加上三明治、西多士之类，于是花样百出的港式下午茶应运而生。随着贸易往来，这股风不仅吹到了各式食肆和餐店，甚至吹遍了广东各地。

　　港式茶餐厅深受西式生活方式的影响，港式下午茶三宝中的

"冻鸳鸯"就是中西碰撞的风味。广东人中意"饮茶"，西方人喜爱咖啡，中西饮食文化相互碰撞，于是大排档和冰室演变成中西融合的茶餐厅。茶餐厅的师傅们就开始烘焙、调制咖啡奶茶，中西特色兼收并蓄，"冻鸳鸯"就是香港茶餐厅的原创。而且茶餐厅除了烧味、撚手小菜做成的碟头饭，还有以猪、牛、鸡扒为主的中西合璧碟头饭。

港式下午茶三宝的首位——烧腩肉，则是新发大厨黄惠军的拿手好戏。经过精心腌制，涂抹均匀，调制特制的脆皮水，整只猪进炉烧制，紧锁丰美的汁水，表皮完整，脆而不焦，口感香脆。烧腩肉中的极品就是冰烧三层肉，因为呈金黄色，有着"金玉满堂"的好意头，而且烧肉早在两千年前就是祭祀品和名菜，所以广东人无论清明祭祖、寿筵，或者结婚酒宴，节日里总要准备一只烧猪。可见烧腩肉在广东美食中的地位。

人间烟火味，最抚凡人心。每一口馥郁迷香的满足，都记录了一处又一处人间烟火的千姿百态；每一道经典广味的流传，都铭刻了一代又一代粤菜大师的匠心存续。烟火里的老广味道、港式风情，匠心传承的掌勺人，共同撑起了粤菜走向世界的出道之路。从前被视为"美食荒漠"的深圳，也开出了娇艳欲滴的花朵。

▼
烟火里的老广味道

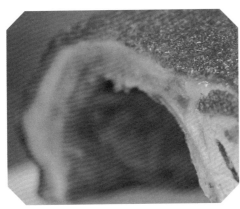
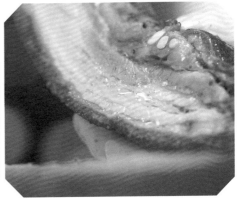

玖

粤菜 征服世界：

要讲究，绝不将就

广州亚洲美食节期间发布的《2019年粤菜海外影响力分析报告》显示，粤菜在中国八大菜系中的国际认知度排名第一。粤菜在海外几乎占据了唐人街的半壁江山。从常见的白切鸡、烧鸭到昂贵的鲍参翅肚，不仅广受海外华人喜爱，也征服了外国朋友的味蕾。

第一节 粤菜征服世界之路

中华民族文化川流不息、灿若星河，古人云"民以食为天"，饮食作为老百姓日常最重要的环节之一，也在历史长河中积淀了深厚博大的饮食文化。正因如此，中华饮食文化独树一帜并且远播海外，成为世界美食大观园的重要一员。其实，中国美食对世界的影响从秦汉便已开始。丝绸之路将中原的桃、李、杏、梨、姜等物产和饮食文化传到了西域。而其中茶扮演了重要的历史角色，甚至成为外国人认识中国的名片。除了茶叶，东汉年间，中国的粽子也被带到了东亚和东南亚，流传至今。

到了近代，粤菜开始成为中华美食征服世界的主力。19世纪以降，早期大多是广东珠江三角洲的农民前往美国、加拿大"淘金"、修建太平洋铁路，后来越来越多的华人去往世界各地打拼，当时非常盛行"下南洋"的风潮。广东是中国人出国最早、人数最多的省份之一，在早期华侨缺乏技术和资金的背景下，粤菜和菜刀成了他们在国外谋生的法宝之一。[①]因此东南亚中餐馆大多主打潮汕菜，而在欧美国家，粤菜馆遍地开花。

征服世界的粤菜

---

① 李未醉. 加拿大华侨华人与粤菜传播[J]. 八桂侨刊, 2011 (01): 55.

除了历史背景和人口迁移的客观原因，粤菜征服世界主要还是靠自身的宝贵品格——"讲究"。其一是用料讲究，粤菜继承并发扬了中华美食"食不厌精，脍不厌细"的优良传统。粤菜厨行里有一个特殊的岗位叫"上什（za）"，类似同仁堂细料库主管，专门负责干鲍、花胶、海参、石斛之类高价食材的选购和存取。对于食材品质的追求，粤菜大师们从不吝惜。食材的名贵，选料的精细，制作的复杂，工艺的精致，一道道菜品"色、香、味、形"俱全，保证了粤菜的品格和色相。所以吃粤菜不仅仅是舌尖的冲浪、味蕾的遨游，同时也是一场视觉和精神的双重盛宴。

其二是粤菜的做法讲究。粤菜注重质和味，口味力求"清中求鲜、淡中求美"；而且菜的原料、花色繁多，形态新颖，善于变化。这种饮食观念和西方讲究用料、食材的形色方面的搭配不谋而合，这也在一定程度上奠定了粤菜在国际上的影响力。对于一道菜的最终呈现，粤菜大师们从不将就。他们将广东人"敢为天下先"的精神发挥到极致，大胆创新，兼收并蓄，不满足、不停步。"讲究"的粤菜大师们前赴后继地研发创制舌尖美味，出品了许多享誉世界的高标准菜肴，使粤菜成为与法餐齐名的菜系。在"美食之都"广州的日航酒店桃李中餐厅，就有这样一位菜讲究、人也讲究的名厨。

第二节　不遗余力追求美的型男大厨：徐嘉乐

发型一丝不苟，打扮新潮得体，眼神犀利坚毅，丝毫看不出这位型男已经是一位快六十岁的老前辈了。当他穿上黑皮围裙，利落地拿起菜刀，帅气的模样令人惊艳。他就是广州日航酒店桃李中餐厅的行政总厨，被评为"中国烹饪大师""粤菜十大名厨"，曾担任广州电视台、广州日报美食烹饪主持。

徐嘉乐的父亲是大型国营菜市场的书记，家里两个兄长又爱做饭，从小在食材与烹饪环境中耳濡目染的他，17岁的时候也懵懵懂懂地选择了厨师之路。入行之后从学徒做起，烧煤、杀鸡、杀鱼、跑堂……有一次上灶炸琵鸭，被高温滚油泼到脚，起了很大的水泡，走路一瘸一拐，还被师傅骂得狗血淋头。在"地滑、油滚、刀利、水烫"的危险又粗鲁的环境里，徐嘉乐领着十几二十块的工资，熬得很生猛。他切菜时可以不看砧板，只靠双手配合的感觉，就能切得飞快，快得吓人。他20多岁的时候，也觉得有点迷惘。社会高速发展，外面的人挣钱又快又多，而自己做厨师又苦又累。"辛苦单调的厨房，是沉淀自己的好地方。别一进来就问工资多少，花时间好好沉淀自己吧。"这是徐嘉乐对自己的总结，也是对年轻厨人的鼓励和期望。

型男大厨徐嘉乐

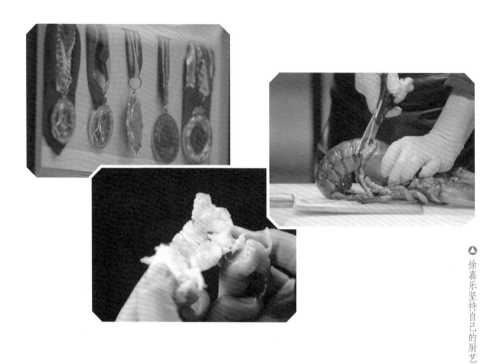

△
徐嘉乐坚持自己的厨艺美学

　　38年的历练使徐嘉乐沉淀了一套"讲究"的厨艺美学。那么多年他始终坚持三点：一是食材新鲜，坚决不用添加剂调鲜，他认为厨师做的东西首先自己要敢吃。二是不时不吃，人生天地间，因天地而生。人要尊重自然规律，保持对天地的敬畏，反映到食材上，就是要注意食材的季节性。三是巧用烹调，讲究火候、加工、手艺。"取巧不偷功"，比如说做牛肉要用三个小时，就不能用一个小时来敷衍。这不仅是尊重顾客，也是尊重自己。

　　徐嘉乐不仅追求厨艺之美，对厨师的形象要求也很高。虽然厨师是幕后工作，但他依然坚持每天精致打扮，发型亮眼帅气，也督促年轻厨师们注重形象、保持整洁，经常梳剪头发。他常常说："这是一个健康的信号。勤快点，管好自己，自己才能在社会上有价值的。"此外，徐嘉乐还推崇书法之美，他认为字会反映一个人的人生经历。

要讲究，绝不将就

他年轻时写书法很张狂，慢慢沉淀了之后笔法趋于沉稳，为人处世上也懂得照顾别人的感受。徐嘉乐有时即兴挥毫设计菜单，客人拿到毛笔字菜单时往往会眼前一亮。

徐嘉乐在三十多年的厨艺之路上追求"要讲究，绝不将就"，并始终坚持推陈出新、不断发扬。他立意高远，致力于推动粤菜走出国门，延续粤菜征服世界之路，将粤菜味道传播到世界各地。徐嘉乐曾代表广州日航酒店到日本福冈、东京等地的日航酒店交流，他做的菜品征服了挑剔的日本客人，每天预定都爆满，也得到了日本日航酒店总部行政总厨的高度认可。他深感作为一个中国人，在日本这样注重匠心精神的地方，能够获得年长自己几十岁的老厨师长的肯定，是一件非常值得自豪的事情。

第三节　粤菜的高端代表：葱香花雕爆龙虾、鲍汁花胶

　　在第八届广州国际食品食材展览会上，徐嘉乐的一道葱香花雕爆龙虾夺得了"2019粤港澳地区地标美食"的荣誉称号。粤菜讲究"以鲜为上"，徐嘉乐抓住了"新鲜龙虾新鲜炒"的精髓，第一时间把最好的口感送到客人的嘴边。龙虾虽然是国外的食材，但徐嘉乐匠心独运，融合粤菜的做法进行处理，巧妙运用十年的花雕陈酿提升龙虾的鲜味，使龙虾的口感和价值更上一层楼。这道中西合璧的名菜一直广受国内外食客的喜爱，不仅吸引了国内的老饕，也获得了外国美食家的高度认可。

　　徐嘉乐还有一道征服世界的拿手好菜——鲍汁花胶。花胶，俗称鱼肚、鱼鳔，一般是从大型深海鱼腹中取出晒干而成。作为珍贵的药食两用南药品种，花胶位列"八珍"之一，素有"海洋人参"之誉，具有补肾固精、滋养筋脉、止血、散瘀、消肿的功效。[①]花胶在我国

---

　　① 邓秋婷，吴孟华，张英，曹晖. 鱼鳔的本草考证[J]. 中药材，2018, 41（03）：749.

食用和药用至少有1600年的历史，北魏《齐民要术》就记载了沿海地区渔民将其用作鱼肠酱食用[1]，唐代《本草拾遗》始载药用，主治外伤疮疡。[2]此外，花胶富含胶原蛋白和氨基酸，其美容养颜的功效受到广大女性的青睐。它不仅营养价值和药学价值非常高，而且作为广东人的筵席名菜，加工烹饪后质地糯滑，味道鲜美，乃人间极品。徐嘉乐认为做花胶最重要的是用心呵护，最大的功夫和时间都花在前奏上。花胶的发制需要五六天时间，而且要不停地换水，冷热水交替，使花胶泡发到最佳状态；并且讲究姜葱去杂味，精心熬制鲍汁使其入味。越是名贵难得的食材，越是需要耐心和功夫，才能烹饪出最美的味道。

　　广东从曾经的南蛮之地发展成为国际大都市，粤菜从唐人街小食到登顶米其林，正是粤菜大师们追求"要讲究，绝不将就"的匠心精神，以及海纳百川、博采中外饮食文化之长的作风，使粤菜始终保持着强大的生命力，成为今天中华文化走向海外的一张名片。

▶ 鲍汁花胶

---

①　贾思勰. 齐民要术今释[M]. 石声汉，校释. 北京：中华书局，2009：750-751.

②　陈藏器. 本草拾遗辑释[M]. 尚志钧，辑释. 合肥：安徽科学技术出版社，2002：223.

拾

牛杂：忘不了的街边味道

牛杂，又称『牛杂碎』，牛内脏的统称，是发源于老广州地区的一道传统美食。围在巷口推车的人头涌动，剪牛杂发出的『咔嚓咔嚓』声，牛杂汁同酱料的扑鼻香气，组成了专属老广的美食记忆。

第一节　广东的牛杂文化

中国人爱吃动物内脏远近闻名，下水的制作方法也在中国人的手里变得五花八门，不论是广东的牛杂，又或是重庆猪脑花，老北京卤煮火烧、水爆肚，这些食物都广受青睐，是普通老百姓眼中的珍馐。

中国人的"杂碎情结"由来已久，中医讲究"以形养形"的食疗法，以肝脏为例，《本草纲目》中，"肝主藏血，故诸血病用为向导入肝"，反映中国人很早就认识到食用动物肝脏的益处。动物内脏富含人体所需的蛋白质和多种维生素，有的内脏还含有钙、磷、铁等多种矿物质，具有一定的食疗功效。加上过去肉类匮乏，对于老百姓来说，内脏是为数不多的肉食。

杂碎，在中国俗语中，作为一个名词，指牲畜家禽的内脏，相别于猪头肉、五花肉、猪脚、排骨等。中国人亦称为"上下水"，上水指心、肝、肺，水下指肚、肠等，统称则为杂碎。中国人历来喜欢吃杂碎，一般劳工阶层固然，宫廷御膳中也有以杂碎为原料的名菜，冠以"珍""玉"之名，加上高级佐料，皇族、贵族亦喜爱之。

▶ 牛杂

杂碎的口感往往都比肉类独特，"嘎嘣脆"的嚼劲能让口感层次更加丰富。来自不同部位的下水，口感上都有明显的差异，人们熟悉的牛肚、牛肠，属于中空性器官，内部中空，外形呈管状和囊袋状，管壁内多有分层，这些分层具有很强的韧性与弹性，这也决定了它们的口感比较弹牙。

在善于料理的老广眼中，这些不起眼的下水、边角料同贵价食材一样，"入得厨房，上得厅堂"。有言道"牛杂滚三滚，神仙企唔稳"（广州话"企唔稳"，意为站不稳），牛杂，这道烟火气十足的街头小吃在广州人心目中占据极其重要的席位。

关于牛杂的真正起源已不可考，但有一种说法是上古一位大王在先农坛亲耕祭祀农神时，突然天降大雨，大王看到当地百姓饥馑，立即下令屠宰亲耕的牛，将牛肉、牛肚、牛心、牛肝、牛百叶、牛肠、萝卜等放入锅中，煮好给百姓食，醇正鲜美，味道甚好，至此流传下来。

过去相当长一段时间里，这份牛杂曾是苦力工人的专属，是为他们补充营养和力气的便宜肉类，而烹调牛杂的食材都是低档次的边角碎料和内脏。广州人热恋上牛杂要从20世纪80年代开始，改革开放后，许多工人下岗，大伙为了生存，慢慢地做起牛杂生意，牛杂"走鬼档"遍布广州街头巷尾。

这些街头小吃自带标签"价廉、味美、便民"。有人说，吃牛杂最地道的姿势是穿着人字拖，站在路边，用竹签插着吃，十分接地气。这份留存在广州人味觉记忆中的小吃，如今已成为广州小吃界的头牌，受到男女老少的喜爱。

第二节　街头老店掌门人：麦国强

在老城区街头诗书路上，有家开了41年的牛杂小食店，老板麦国强是一名地道的老广，人称"麦叔"。麦叔从小看着家里的长辈摆摊，做牛杂。耳濡目染下，学得制作牛杂的手艺。1979年开始经营容意发牛杂店，并一直以此为生。

容意发的许多菜品都成了广州首创

40年来，麦叔从早到晚守着店，连节假日也很少休息。有人说，只有能吃苦的人才能做出好味的牛杂，此话不假，直到今天，麦叔都坚持5点起床，煲汤、煲水、收货、洗牛杂，一切就绪，7点开始营业。

煮牛杂、调汤底是麦国强最为自豪的手艺，来他店里吃牛杂的人，连汤都要多喝几碗。"广州的牛杂一般都是用卤水做的，卤水吃得多了就会厌了。我们就不一样，把牛杂熬煮成汤，是我们家的独创。"说起这个秘制的药膳汤底，麦叔不无骄傲地介绍道。

容意发的许多菜品都成了广州首创。"我开这家店的时候，广州还没有做牛三星的店，一家都没有呢。"除了牛三星之外，牛双弦、牛骨髓也是其他牛杂店难得一见的菜色。

因为"好味道"，许多食客都成了好友，每每来到店里都先与麦叔打招呼，谈家常。有口皆碑的优质出品，独此一家的味觉体验，也吸引了越来越多的食客前来帮衬。

　　"以前很多摩托车的年代，我们店两三点开门的时候就好像一个摩托车停车场，来吃牛杂的人将车子停满了一路。"麦叔的女儿笑着回忆小时候在店里打下手时，见过的"壮观"场面。

　　麦叔育有一双儿女，他与妻子带着孩子们在不足三十平方米的店面内，烹调出食客津津乐道的美味。孩子们从小跟着父亲经营牛杂生意，从去市场采购牛杂，到清洗、烹煮，其中的辛苦与艰辛都历历在目。虽然知道从事餐饮工作并不容易，但儿女们都带着一份祖辈赋予的自豪感参与其中："家里开牛杂店，我们都很自豪的，因为老师同学们都很喜欢吃。连中午午饭都会叫我过来帮他们打包。"

　　现在父亲年纪大了，为了能够帮父亲分担，也为了守住父亲一生的心血，儿女们都决定回家来，继续把店传承下去。麦叔对儿女的孝心也很欣慰："我一年可以工作360天，我一开始还担心儿子那代人可能接受不了，又脏、又累、又辛苦，结果现在慢慢上手了，我就放心啦，准备做到60岁就退休。"

　　传承需要一代代人的辛劳与积累，到了今天牛杂不仅成为广州人的时代回忆，也成为广州的一张美食名片。麦叔的牛杂店即将传承至第三代，麦叔也希望这门手艺能一直传承下去。

▼ 接地气的味道

第三节　一碗秘制牛杂

每个老广州，都一定有自己挚爱的一碗牛杂，藏在记忆的巷子里：一部小推车、一口大铁锅，锅盖一掀开，香气四溢，走过路过都会来上一碗，大快朵颐。一碗牛杂可以吃出不同口感：牛腩能吃出纹路感却不塞牙，牛心、牛肺爽脆，牛肚、牛肠软嫩，牛筋、牛百叶筋道。

虽然牛杂遍布广州的大街小巷，但做法并不简单，甚至可以说烦琐。

首先将牛肚、牛肠、牛肺、牛腩等部位洗净，以中火煮沸，去除血秽，取出，再用清水洗净。将八角、陈皮、桂皮、丁香等香料配成独门配方放入，先以旺火煮沸，后改用中火熬至烂，用剪刀将牛杂剪成块，放入碗中。亦可加入新鲜萝卜炖煮入味，放入喜爱的蔬菜一起吃。

牛杂的吃法多种多样，出名的有三吃。

一吃"萝卜＋牛杂"，萝卜味凉性辛，牛杂益气血强筋骨，这样的黄金搭档最受欢迎。

二吃"牛杂汤＋牛三星"，事先用酒、姜汁等调料腌制牛百叶、牛心、牛肚、牛腰，吃的时候用沸水迅速灼熟，然后加入牛腩熬制的汤底。

三吃"蒜蓉酱＋辣椒酱＋酸甜"，不喜腥的人，可以蘸酱料，酸、甜、辣均有，看个人口味。

容意发的头号招牌，当属牛羊杂：新鲜牛骨、羊肠反复过水洗净，切断，配生姜一同氽烫，焯去腥味，煮沸后加入麦叔的药膳秘方，经过4小时熬煮，汤色渐浓，一勺容意发的灵魂汤底，装入垫好配菜的碗中，热汤激发出韭菜的香气，醒味的酸萝卜中和了动物内脏的腻口，加入牛羊杂，这道招牌菜便完成了。

果肉入馔的湛江美食

水果作为日常生活中常见的食物，正逐渐走向人们的餐桌。如何根据不同水果的特性，采用适当的烹饪方法以发挥出食材的最大优势，做出色香味俱全又有创意的菜品，也日渐成为厨师们探讨的焦点。

第一节　水果入菜的食俗记忆

鲜果入馔之事古已有之。早在春秋战国时期，梅子腌渍后制成的梅酱就是佐食的必备，肉块在火上蒸煮烧烤后细细割成小块，蘸梅酱食用。肉食的香浓和梅酱的微酸相得益彰，酸味既不会过分浓重抢了风头，又能在化开于唇舌时解了肉食带来的腻。尽管现在梅酱已不再是我们日常餐食的必备，但在烧鹅、烤肉、烤鸭一类易腻的菜肴旁，我们依然能找到一碟浅金色的梅酱。

用水果独特的酸甜味来解腥、解腻、提味，是烹饪中常见的做法，常搭配海鲜及清淡的肉类。比如以酸辣闻名的云南菜中，最少不了的就是青柠檬和酸木瓜，这种来自水果的芳香果酸，比起发酵制成的醋更清爽，即使大量添加也不会有过于浓重而影响口味之虞。

水果的其他风味，只要处理得当都能为菜肴增色。最常见的就是用水果与肉类炖汤，果味的清甜融进汤汁，不会过分浓重甜腻影响口味，又增添了味道的层次感，比如椰子、马蹄、雪梨一类味道清淡的水果都很适合炖汤，只要遇上了合适的

果肉入馔的美食记忆

肉，就能变成一碗美味的汤。而且许多鲜果炖汤的组合，都有滋补养颜的功效，如众所周知的冰糖雪梨汤，用加热煮熟的方式去除雪梨的寒气，十分适合肠胃不好的人和老人、小孩、妇女食用。木瓜猪蹄汤则把二者的美容养颜功效融为一体，十分适合女士，对哺乳期的妈妈也是极好的补品。

热菜中，水果也能寻得一席之地。菠萝咕噜肉，酸甜可口，肉嫩果鲜；荔枝炒肉，香甜多汁，果香四溢，甚至有时加入水果还能改变口感，比如新鲜菠萝里的蛋白酶可以让肉变得更松软。

水果富含多种人体所需的营养，包括果胶、维生素、矿物质、纤维素、无机盐、有机酸、微量元素和少量的蛋白质等。把水果做成菜肴进入一日三餐，使水果更多地出现在饮食中，对营养和健康无疑是十分有益的。然而有部分水果经高温加热会造成其中的营养成分损失，不合理的烹饪方式也会产生消极的影响。烹饪后容易流失的营养成分主要有B族维生素和维生素C等水溶性物质，代表水果包括鲜枣、猕猴桃、柚子和草莓等。维生素A和维生素E受温度影响不大，高温加热后损失10%左右，维生素C损失16%左右，其他维生素的损失比也基本上在这个范围。[①]因此，必须充分考虑不同水果的特性，选择合适健康的烹饪方式，以保持营养成分、减少流失。炖、煮、拌、炒、煎、蒸、焖、炸皆能用于制作水果菜。但倘若一定要在其中挑一种烹饪方法，最好的方式是快速滑炒，既能保持水果原味，又不易造成水果碎烂。

不光水果可以入菜，水果皮也可以做菜。许多果皮的营养价值非常丰富，如橘皮富含维生素C、胡萝卜素、蛋白质等多种营养，能做出许多美味。橘皮粥芳香可口，还能疗愈胸腹胀满或咳嗽痰多等症状。做肉汤时放几块橘皮，能使汤味更鲜，并减轻油腻。西瓜皮清热解暑，中医称之为"西瓜翠衣"，具有泻火除烦、降血压等作用。西瓜皮含丰富的糖类、矿物质、维生素，具有清热解暑、泻火除烦、降血压等作用，可以凉拌、炒肉或做汤。梨皮是一种药用价值较高的中药，能清心润肺、降火生津。将梨皮洗净切碎，加冰糖炖水服用能治疗咳嗽。自制泡菜时放点梨皮，能使泡菜更脆，还更美味。

① 赵克军. 水果菜肴制作分析与探究[J]. 工艺技术，2016（27）：99.

近年来，水果越来越频繁地参与到饮食烹饪，水果菜肴的做法更是日益更新，成为餐桌上一道亮丽的风景线。越来越多的粤菜师傅把水果烹饪的创新应用当作重点研究和实践对象之一，不断探索和试验水果创新菜，以达到营养、风味、美观的和谐统一，在他们的丰富和补充之下，饮食烹饪也从最开始的果腹方法发展成为一种饮食艺术和文化。

第二节　湛江美食守味人：高飞

在湛江，菠萝蜜是一种常见的热带水果，每到夏天，湛江的赤坎老街便会摆满贩售菠萝蜜的水果摊。这种被认为世界上最重的水果，在当地人眼中，还是入馔的美味食材。比如一

道腰果菠萝是当地婚宴餐桌上必不可少的菜肴，寓意新婚夫妇甜甜蜜蜜。除此之外，菠萝蜜的果肉可以搭配很多肉类，如菠萝蜜香鸭、菠萝蜜丝炒肉、菠萝蜜焗鸭肉等。

立志推广湛江美食的御唐府行政总厨高飞，不断尝试用菠萝蜜入菜，几乎运用到菠萝蜜身上的各部位，研发出菠萝蜜核馅的天鹅酥、菠萝蜜果肉焖制湛江黑山羊等新式菜肴，堪称菠萝蜜入馔的行家。

高飞是海南文昌人，18岁就进入餐饮行业，至今已有30余年。说起从事餐饮、走进厨房的原因，高飞回忆说，小时候，父母经常外出工作，早出晚归。为了不让妹妹饿肚子，还没上学的高飞就学会了自己煮饭。"刚开始是从煮地瓜开始的，还记得蒸汽把手都给烫伤了。慢慢地自己做的菜得到了家人的赞赏，成就感油然而生，对学厨的兴趣便慢慢地培养起来。"自孩童时期，高飞的内心就已埋下了一颗梦想成为厨师的种子。

1989年，18岁的高飞高中毕业。他不顾家人反对，毅然走上了学厨之路。学业结束后，高飞取得了三级厨师证，并在一家星级酒店当"厨杂小工"。彼时的高飞意识到，在餐饮行业要获得大的发展，需要不断地向不同地方的师傅学习技艺。为此，他走南闯北，先后在数家酒店任职，跟随过海南、台湾、广州等地的师傅学习厨艺。"越往外走才越知道，饮食必须要入乡随俗，与当地的文化相结合。"高飞说，不断的尝试，为在湛江实现人生的"名厨"梦想奠定了基础。

"做一碟好菜，除了要对食物选材本身的习性有充分的了解，还得根据人的需求来满足不同食客的不同饮食特点，这样做出的菜才能经久不衰。"为了能够成就一道好的菜品，高飞执着于精准把握所有影响食客判断的因素。正是对食材的精挑细选、对厨艺的精益求精，让高飞在不少厨艺大赛中屡获殊荣。2009年，在世界名厨联合会举办的中国地区比赛中，他烹饪的"红烧鸽子"获得特金奖，并被中国烹饪协会评为"中国名菜"。2010年，他代表湛江参加中国海鲜烹饪大赛，在12个进入决赛的省市中脱颖而出，捧得大赛银奖。如今，他已经是国家中式烹调高级技师，曾任餐饮业国家级评委，连续七年服务博鳌亚洲论坛年会。在湛江乃至全国烹饪领域，都颇具行业影响力。

自2000年到湛江发展，高飞便一直没离开过湛江，而且一直致力于推广湛江美食。他曾在《魅力中国城》城市竞演中，代表湛江在央视上推介湛江海鲜，再次让湛江的生猛海鲜和特色美食名扬海内外。2019年，他通过发挥自己的名厨品牌资源，成立高飞粤菜师傅大师工作室，助力推动湛江市"粤菜师傅"工程纵深发展，促进乡村振兴和精准扶贫战略落实。高飞说，高飞粤菜师傅大师工作室已获广东省人力资源和社会保障厅认证，工作室通过开展粤菜师傅职业技能教育培训，助力提升湛江

▶ 高飞不断尝试用菠萝蜜入菜

粤菜烹饪技能人才培养的能力和质量。工作室还与湛江市遂溪县月镇虎头坡村结成定点帮扶合作，建立虎头坡名优农产品直销平台，构建从农民的"菜园子"到御唐府"餐桌子"的直销机制，减少流通环节，降低流通成本，增加农民收入。创新实施"粤菜师傅＋乡村旅游""粤菜师傅＋粤西饮食文化"模式，打造"粤菜师傅"文化品牌。

　　关于梦想，高飞称自己一直在路上。他在所从事的餐饮行业上能获得巨大的满足感和成就感，目前最大的梦想就是希望御唐府能成为一个百年品牌，同时利用好自己手头的资源，帮助湛江的美食文化"走出去"。他说："我在湛江生活工作了20年，在一定程度上说，湛江就是我的家，有机会为这座城市的脱贫攻坚战贡献力量，我觉得非常有意义，也是义不容辞之举。"

▽ 湛江有多样的菠萝蜜食用方式

第三节　果与肉的碰撞：菠萝蜜焖羊肉

　　菠萝蜜是隋唐时期由印度传入国内的。明代诗人王佐曾在他的《菠萝蜜》一诗中提及菠萝蜜树"硕果何年海外传，香分龙脑落琼筵"。过

菠萝蜜焖羊肉

去，菠萝蜜又称"频那挲"，宋代改称菠萝蜜，沿用至今。明代李时珍在《本草纲目》中就有记载菠萝蜜的功效，"性甘香，能止渴解烦，醒脾益气"。

海南与湛江地处热带，盛产热带水果。香味浓郁的菠萝蜜是高飞儿时最喜爱的水果之一。除了食用果肉，高飞的母亲还会将菠萝蜜的果核用盐水烹煮，待盐水烧干，融入果核中，一道童年小零食——水煮菠萝蜜核便出炉了，口感软糯。来到湛江生活，当地人对菠萝蜜的食用更是多样，菠萝蜜炒腰果、肉丁、红枣是当地婚宴餐桌上必吃的菜肴，寓意甜甜蜜蜜；菠萝蜜丝搭配湛江鸡煲汤，味道鲜甜可口。立志推广湛江美食的高飞不断尝试用菠萝蜜入菜，几乎运用到菠萝蜜身上的各部位，研发出菠萝蜜核馅的天鹅酥、菠萝蜜果肉焖制湛江黑山羊等新式菜肴。

菠萝蜜焖羊肉：首先把羊肉斩成小块过水，生姜、沙姜、蒜头、八角下锅爆香，搅开的南乳和柱侯酱放入其中，再把焯过水的羊肉倒入其中，慢慢翻炒。选用高度的白酒，利用酒的香味把羊肉的膻味去除。胡椒、盐、生抽、蚝油、老抽，上颜色增加香味。加水焖熟。待羊肉入味后，将扒好的菠萝蜜放入锅中搅拌，羊肉的香味和菠萝蜜的甜味相辅相成，形成一种全新的融合味道，非常独特。

拾贰

干炒牛河

的『镬气』

镬气升腾的炒田螺，暖心润胃的艇仔粥，鲜美多汁的烤生蚝，这些在一个又一个的深夜里抚慰老广口腹的美味，组成了广州这座城市独有的宵夜记忆。

第一节 老广的宵夜文化

广州，堪称吃货们的美食不夜城，这里不仅有夜市（入夜开市，凌晨收档），还有天光墟（凌晨开市，天光收档），货真价实的24小时美味不中断。尤其夜市，不仅早已有之，而且丰富得很。据清人张泓《滇南新语》记载："岭南有鬼市，在残漏之前……黄昏后，百货乃集，村人蚁赴，手燃松节曰明子，高低远近，如萤如磷，负女携男，趋市买卖。多席地群饮，和歌跳舞，酗斗其常。……届二鼓，始扶醉渐散者半。"一边夜市，一边吃喝，这大约就是广州宵夜的原生形态。

所有的宵夜种类中，人气最旺的当属大排档。大排档，原称"大牌档"，因当时每个固定摊位都装裱悬挂一个大号牌照，由此得名。大排档最早源于中国香港，《港式广州话词典》中收录的"大牌档"一词，解释为："设在路边专门供应粥粉面食、茶水点心及小菜的食肆。厨房多用铁皮及木板盖成，座位则设在路边，只有在营业时才摆放出来。这些食肆都要领有牌照（政府批准营业的证件），牌照须在当眼处张贴出来，故称大牌档。"

▶ 广州独有的宵夜记忆

20世纪60年代是大排档的全盛时代。二战后，香港地区百业萧条，难民众多。为解决失业问题，政府发出大量牌照，如流动小贩、报摊、熟食摊等，让市民可以自食其力，养活自己，大排档便是其中之一。大排档提供的食物，价格适中，且菜式以中式为主、西式为辅，有几十类上千种之多。售卖的饮食种类多了，为了避免竞争，大排档也开始分工合作，每一家只售卖两三类食物，如海鲜大排档、粥粉面大排档、牛腩大排档、烧鹅大排档等。到了晚上六七点，各类的大排档陆续开张，形成一定规模的夜市，场面非常火热，居民们吃喝谈笑，乐在其中。"大牌档"一词由此广为流传，深入人们的生活。早年香港本地市民集中在中上环、湾仔一带，那里也成了大排档的发祥地。

20世纪70年代开始，香港经济好转，政府开始停止发放大排档的特殊营业牌照，原有的营业牌照也不再续期，大排档的经营模式慢慢被其他经营方式取代，人们印象中档口挂着巨大营业牌照的"大牌档"在慢慢减少。但人们还是习惯称呼这种饮食档为"大牌档"，而后发展为了"大排档"。

随着改革开放后内地与港澳地区的交流日益深入和频繁，大排档从香港传到内地，最初大多是聚成堆的小吃摊，当中又以烧烤、串串、麻辣烫和简单小菜为主，其意义跟"路边摊"差不多。随后的几十年间，随着人民消费力提升，不少大排档也在大幅翻新改造，从香港最初那份草根意识，发展到今天的小资产情怀，见证了中国几十年的经济变化。

如今在广州的老街里，巷尾桥底依然有着大排档的身影，朴实的招牌店面，亲民实惠的菜品价格，熟悉香口的粤菜滋味，"圈粉"了一代又一代的老广。

第二节 楼上大排档创始人：骆志德

"接地气是我们做菜的关键词，口味是第一位的，造型摆盘的讲究是其次。"这是骆志德对于楼上出品标准的高度概括。删繁就简，不加雕饰，将整道菜的重点回归到菜肴本身的色香味，这种对于食材原始性、真实性、纯粹性的追求，是大排档的精髓所在，也反映出了骆志德大道至简的人生信条。

　　骆志德负责楼上大排档的出品，1972年生人，当年由于哥哥在广州开大排档，他经常去帮忙，最后也在1989年选择了入行。他是一个很真的人，被问到为什么选择做厨师时，他没能给出确切的原因，也不想用话术来搪塞，只说："天然就想做餐饮，做餐饮比较专一，一做就是三十年，一路做开。"

　　干一行，爱一行，骆志德的坚持也非常纯粹。过去骆志德自己负责大排档的时候，一天需要工作十几二十个小时，常常是早餐市做完，中午休息一下，晚上又接着做，干活不计较工时和劳累，烧腊、水台、砧板等工种都做过。这些经年辛苦，骆志德都乐呵呵地用一句哈哈带过。"那是年轻有冲劲，很多不同的菜都想要学，都想要试一下，就真的是喜欢。"骆志德

　　▽
　　骆志德的坚持非常纯粹

没有对这些坚持进行美化，也没有对这些艰辛赋予太多的意义，而是将躬耕后厨的初心归到最单纯的"喜欢"两个字上。

骆志德同样把这份真实和纯粹发挥到了楼上大排档的菜品中。菜色多样，丰俭由人，是大排档形成的初衷，有"镬气"，有烟火气，则是大排档的最大特色。所以从开业之始，楼上就坚持迎合时势，拥抱最广大的消费人群，通过定期优化菜单，保证菜品的多元，让男女老少都可以在这里吃到满意的美食。现在楼上有多达200种菜品，煲类，小炒，海鲜，打边炉，凡所应有，无所不有。

以前下班后骆志德经常会和朋友同事一起吃宵夜："现在怕胖，就吃得少了。"骆志德觉得宵夜是人们一天中最放松的时刻，大排档的烟火缭绕和人声鼎沸，能够让食客们褪下一天的疲惫，松弛为工作紧绷的神经，在朋友身边，在美食面前，做回自己。

现在随着城市的升级，路边宵夜档销声匿迹，随着人民消费力提升，不少大排档也大幅翻新改造，堪称豪华。叫卖声、炒锅声、喧哗声成为逐渐消失的社会现象。为了寻求本初的大排档记忆，还原最"接地气"的美食形式，骆志德和朋友合伙做了这家"楼上大排档"，将这种取之于市井的美食模式重新演绎，保留至真的烟火气。

▼ 在美食面前，做回自己

第三节　地道风味：干炒牛河等各类宵夜

干炒牛河是一道由芽菜、河粉、牛肉等材料制作而成的粤菜，广东地区的特色传统小吃之一，于清末民初年间发明。干炒牛河色泽油润亮泽、牛肉滑嫩焦香、河粉爽滑筋道、入口鲜香味美、配料多样丰富、盘中干爽无汁。不但土生土长的广州人热爱它，吃过的游客也对它念念不忘，干炒牛河作为经典的广东小吃被列入中华名小吃。

河粉又称沙河粉，源自广州沙河镇，通常煮法是放汤或炒制。干炒牛河被认为是考验广东厨师炒菜技术的一大测试，手艺好坏一试便知。

一碟合格的牛河，有这么几个关键：河粉必须爽滑而干身，上色均匀，看着润，吃着却不油腻，若是吃完之后，碟子底下还汪着一层油，则不及格。里头的芽菜要脆，韭黄要香，牛肉要嫩而入味，但也不能失了嚼头。不过，这些都还是最基本的，对于干炒牛河来说，最重要也是最难的一点，还是镬气。

这股气不止作用于嗅觉，它征程的终点，是味蕾。夹一筷子牛河，入口有一股焦香，但没有焦糊的苦涩。有点甜，是酱油高温加热产生的风味物质。这一股镬气，要靠猛火热油，勾火颠锅，方能成就。所以这也是为什么，广州好吃的牛河，常常隐身于街边大排档。家庭炉灶的火力，很难还原这份烟火气。

湛江生蚝：生蚝的正确打开方式

作为全国首批沿海开放城市，湛江濒临南海，良好的生态环境使湛江盛产天然优质的海鲜食材，被誉为『南海鱼仓』，素有『吃海鲜，到湛江』的说法。湛江的海鲜，数生蚝最负盛名，凡到此一游者，唯有吃过湛江生蚝，方称得上是不虚此行。

第一节　名扬天下的湛江生蚝

　　湛江，被誉为"中国海鲜美食之都""中国十佳绿色城市""中国十佳低碳生态城"，位于祖国南端，凭其丰富的海洋资源，水产品产量连续多年居广东省首位。

　　湛江海岸线长1556公里，大小港湾101处，有大小岛屿56个，海岸线系数和人均海岸线长度位列全国之首。湛江一共有大小河流81条，港岛海汊（三角洲）101个。湛江的浅海拥有中国内地沿海最大的珊瑚保护群区。这样的地理气候和环境土质，培育了丰富的食物链，渔业资源丰富，海水优质，培育出优质的海鲜食材。其中，生蚝是湛江最有特色的海鲜之一。

　　生蚝生长在湛江无污染无公害的原生态海域中，肉鲜嫩肥美，口感极佳，爽、滑、甜，脆而无渣，是目前生态海鲜产品中唯一无人工投料养殖的。炭烧蚝在广东兴起，接着浙江、武汉也跟着流行起来，现在湛江生蚝名气已风靡全国。

　　诉诸典籍，在广东，蚝作为食物由来已久。唐刘恂《岭表录异》云："蚝，即牡蛎也。其初生海岛边，如拳石，四面渐长，有高一二丈者，巉岩如山。每一房内，蚝肉一片，随其所

名扬天下的湛江生蚝

生，前后大小不等。每潮来，诸蚝皆开房，伺虫蚁入即合之。"

广东人吃蚝，生熟不拘，各有各的吃法，屈大均《广东新语》云："凿之（蚝），一房一肉，肉之大小随其房，色白而含绿粉，生食曰蚝白，腌之曰蛎黄，味皆美。"又云"以草焚烧之，蚝见火爆开，因夹取其肉以食，味极鲜美"[①]。

刘恂的《岭表录异》还提到"往往以斧揳取壳，烧以烈火，蚝即启房，挑取其肉，贮以小竹筐，赴墟市以易酒。蚝肉大者腌为炙，小者炒食"。

元符二年（1099年），苏轼写《食蚝》一文："己卯冬至前二日，海蛮献蚝。剖之，得数升。肉与浆入与酒并煮，食之甚美，未始有也。又取其大者，炙熟，正尔啖嚼⋯⋯每戒过子慎勿说，恐北方君子闻之，争欲为东坡所为，求谪海南，分我此美也。"蚝凭借其鲜美爽滑的口感，收到古今大家的一致好评。

蚝的肉肥爽滑，味道鲜美，营养丰富，素有"海底牛奶"之美称。据分析，干蚝肉含蛋白质高达45%—57%，脂肪7%—11%，肝糖19%—38%，此外，还含有多种维生素及牛磺酸、钙、磷、铁、锌等营养成分，其中钙含量接近牛奶的1倍，铁含量为牛奶的21倍，是健肤美容和防治疾病的珍贵食物。蚝除了肉可食、珠可作装饰外，蚝壳还可供用药，功能制酸镇痛，也可作胃药，治胃酸过多，对身体虚弱、盗汗心悸等症状也有疗效。

生蚝以其肉鲜味美、营养丰富，且具有独特的保健功能和药用价值赢得了饕客的青睐，在湛江一带更是凭借地缘优势和独特烹饪技艺频频出圈。

第二节　湛江活名片：蚝爷王志德

湛江宵夜可以说是"无蚝不欢"，因此炭烤生蚝也成了各店招揽生意的标志。在人气火爆的百姓村美食街，整条街都可以看到每家店门口的成堆生蚝。

[①]　屈大均. 广东新语: 卷十七 宫语[M]. 刻本. 水天阁，1700（康熙三十九年）

蚝爷生蚝主题餐厅是湛江近几年发展起来的湛江知名特色餐饮品牌，蚝爷开业之后迅速得到各界的好评，餐厅独具地方特色的装修风格，海洋、渔民、生蚝文化随处可见。餐厅的生蚝口味有二十余种，特色生蚝吸引了全国各地的游客，良心出品也为它赢得了良好的社会口碑，现在蚝爷已然成了湛江的网红店。

蚝爷创始人王志德是土生土长的湛江东海岛人。2007年之前王志德一直在广州从事广告行业，在广州工作期间，他经常关注湛江美食，尤其钟情湛江生蚝，常常约三五知己去吃宵夜。

在觅食的过程中，他逐渐发现，在广州基本都是大排档或路边摊才有烧蚝，还没有一个像样的专业品牌烤蚝店，而且虽然生蚝在宵夜江湖中占据头把交椅长达40年，但是人们对于湛江生蚝的印象往往局限于蒜蓉烤生蚝这一道菜品上，极其平面和单一。王志德认为生蚝的魅力远不止于此，于是他毅然决然回湛江创业，打造一个属于湛江的

○ 蚝爷王志德

专业烤蚝品牌店。

　　蠔爷的诞生之路可谓阻力重重。王志德开店首先遭遇了家人的反对——在跟家人朋友说起自己想做高端蚝店的想法时，他们都不看好，老婆甚至要跟他离婚。其次是他最初对于生蚝还停留在食客品鉴的水平，养蚝、挑蚝、烤蚝其中大有学问。但是他凭着一腔热爱，从亲自走菜市场到出海看蚝场，从自己开蚝、洗蚝到烤蚝，一路摸索，经过六年的探索和积累，终于从不懂行、不专业到研究出十几种生蚝烹饪口味，开张了第一家蠔爷。

　　王志德从开店之初，就志不在小，他要"用广告人的思维和审美创作美食，从里到外给湛江生蚝带来新元素和新标准"。传统的生蚝吃法基本是蒜蓉炭烤，但是王志德发现了食客的痛点——很多人吃了蒜蓉会有一些口气，于是他尝试用水果来代替蒜蓉，为了研发水果生蚝，王志德尝试了10多种水果跟生蚝的搭配。而后他还尝试了很多新的菜式，如蛋黄焗生蚝、冰镇蚝、海皇子芝士蚝、酸汤蚝等，都大受欢迎。王志德整整用了十一年的时间，把生蚝菜品的种类不断丰富，把单一的炭烤生

△ 生蚝是湛江最有特色的海鲜之一

蚝进化为月下蚝宴。

如今，蠔爷生蚝逐渐成为湛江人引以为荣的美食名片，被评为"粤港澳大湾区特色生蚝主题餐厅"，湛江市"旅游美食特色餐厅"，又接连荣获了两个湛江海鲜美食创新菜特金奖，分别是"雨花石热炙生蚝"和"红泥焗奄仔蟹"。

"回来湛江，我们第一口就能喝上海鲜汤，这些在一线大城市用钱也买不到。"王志德感叹道。这份对于生蚝的热爱，让王志德得以寓爱于职业，还能够实现内心理想的寄托。在烟火缭绕的日常里，让人们看到新一代餐饮人的坚持与创新。

第三节　生蚝的各种吃法

生蚝的食用方法较多，鲜蚝肉通常有清蒸、鲜炸、生焯、炒蛋、煎蚝饼、串鲜蚝肉和煮汤等多种烹饪方式。配以适当调料清蒸，可保持原汁原味；若食软炸鲜蚝，可将蚝肉加入少许黄酒略腌，然后将蚝肉蘸上面糊，用油锅煎至金黄色，以酱油、醋佐食；吃火锅时，可用竹签将蚝肉串起来，放入沸汤滚一分钟左右取出便可食用；若配以肉块姜丝煮汤，煮出的汤白似牛奶，鲜美可口。蚝肉亦可加工成干品，商品称为蚝豉。

▶ 肥美生蚝

王志德介绍，他们店里的蚝大多来自城月河的入海口，自家保证生蚝的品质和一年四季可供。蚝排的位置处于河海交汇、冷暖交汇、淡水和海水的碰撞之处，微生物众多，所以这里生产的蚝也特别的肥美。蠔爷有十几种生蚝烹饪口味，独此一家，值得一试。

火焰蚝

绚丽火焰＋新鲜生蚝，上桌自带火焰效果，视觉与味觉共享。整只蚝不开盖烧，紧紧锁住生蚝水分。不想吃生的生蚝，又想吃原汁原味的，点它准没错！生蚝的肉质非常细嫩，火焰过后，服务员现场开蚝。生蚝本身已经够鲜甜，壳里淡淡的海水汤汁可不能倒掉，喝一口汁水，品尝到大海的滋味。饱满肉肉的生蚝一口吃不完，吧唧吧唧地细嚼整只原味生蚝。没有浓重的修饰，原始味道简单而美好。

雨花石热炙生蚝

蒜蓉和生蚝是最传统的绝佳搭配。这种吃法并非简单的炭烤，而是使用雨花石热炙。首先在滚烫的雨花石上刷上现榨花生油，然后把蒜蓉生蚝铺满在石上。这时候会发出"滋滋滋"的炙烧声音，随之而来的是蒜蓉生蚝的香气。

王志德开发了生蚝的多种吃法

同款的菜色还有雨花石牛肉，把切好的牛肉块放置在滚烫的雨花石上。翻动牛肉块，两面烤熟即可食用，香气十足。

水果蚝

鲜活的生蚝，沙拉酱加上芝士打成的自制酱料，与酸甜的新鲜水果搅拌均匀，直接铺在生蚝肉上，填满整个蚝壳，根据生蚝的大小放入烤箱，大火烤6—8分钟，烤过的沙拉酱带着一点焦香的甜味与生蚝的鲜甜，使得生蚝的口感更加饱满和丰富。

酸辣蚝

近两年流行辣的、水煮的以及各种酸辣口味，因此王志德又开发了水煮生蚝和酸辣生蚝。泡椒、青麻椒、花椒和腌制的海草、葱、姜、蒜炒香后，加入酸汤，炒制的酸辣汤翻滚出味后，放入新鲜的生蚝，只是烫一下就要出锅了，最后用油把葱花和小米辣这么一泼，酸爽鲜辣的酸辣生蚝，让人赞不绝口。

除此之外，还有金黄香甜的蛋黄酱焗生蚝、营养大补的鸡子蚝、肥嫩香滑的鹅肝蚝、鲜甜嫩滑的海盐焗生蚝、海皇子芝士蚝、酥脆软嫩的金丝酥炸生蚝、酸甜适口的芝士焗生蚝，种种私人定制的生蚝吃法，让无数食客惊艳。

拾肆

得闲，叹早茶

广州的早晨，一半属于步履匆匆的都市年轻人，一半属于悠悠闲闲叹早茶的老广。一盅两件，喝茶谈天，不用赶早的早晨惬意，是专属于老广们的仪式感。

第一节 老广的早茶哲学

岭南地区气候炎热、水质燥热，广府人的日常生活离不开茶。广府人将饮茶戏称为"叹茶"，"叹"是享受的意思，当一个人的茶瘾没有得到满足时被称作"吊茶瘾"。

广州人饮早茶的习惯同样反映在口语中，广府人打招呼用"饮咗茶未？"，这与普通话中"吃了吗？"语用意义类似；道别时说"得闲出嚟饮茶吖！"；表示酬谢和补偿时则说"得闲我请你饮茶补番数啦！"。由此可见，"饮茶"与"吃饭"一样在广府人的生活中意义重大。粤语中还常用"安乐茶饭"比喻稳定、安稳的生活。

有道是"水滚茶香春满座，一盅两件活神仙"。广府人饮茶时，喜欢配以各式点心小吃，称为"一盅两件"，即茶一盅，点心两件。饮茶时所配的点心有不同的叫法，如"茶配""茶食""茶果""茶泡"等。这种饮茶时所配的点心主要有"糕""包""肠""酥"等不同系列，还有咸煎饼、春卷、糯米鸡、牛杂、蛋挞、粉果等不同种类的茶点，水晶虾饺、鲍汁凤爪、干蒸烧卖、豉汁排骨更是有名的"早茶四件套"。

一盅两件，喝茶谈天

今天的广府茶楼是由早年的"二厘馆"发展而来的。清咸丰、同治年间，广府一些地区路边开设有简陋的茶寮。这种茶寮门口挂木牌写着"茶话"二字，以底层老百姓为主要招揽对象，因每盅茶只收二厘，所以称作"二厘馆"。这些"二厘馆"设备简陋，常常只有几张桌椅，仅是为茶客提供一方落脚之地而已。点心小食也远没有现在的茶楼供应的繁多精细，大多是廉价且易充饥的芋头糕、砵仔糕、松糕之类。当时的歌谣唱道："去二厘馆饮餐茶，茶银二厘不多花。糕饼样样都抵食，最能顶肚不花假。"①

比"二厘馆"稍晚的时候，出现了陶陶居、陆羽居、天然居、怡香居等一批以"居"为名的茶楼，是以广府人又把茶楼称作"茶居"。这些茶居的装饰大多富丽精巧，环境典雅清幽，有的饰以极具岭南风格的壁画彩涂。

光绪年间，在广州最为繁荣的商业地带十三行，出现了第一间茶楼——"三元楼"。"三元"，隐含"酒家榜首，食肆班头"的意义。这间茶楼高三层，装饰富丽堂皇，与低矮简陋的"二厘馆"截然不同，正是家境富裕、喜好风雅的人饮茶的好去处。当时人称三元楼为"高楼"，因此把饮茶称为"上高楼"。

随着经济的发展和生活水平的提高，广府的茶楼从二厘馆兴起，历经茶居、"高楼"、音乐茶座的发展阶段，如今形成了茶居、茶楼遍地开花的局面。

从饮茶的价值追求上看，广府饮茶不重茶质、技艺，转而追求饮茶的社会交往功能，体现了广府人务实的性格特点和广府茶文化具有实用性的特点；从饮茶处所的变迁来看，广府文化善于吸收外来优秀文明，并在原生态文化的基础上对外来文明能动地吸收改造，直到与本土的人文环境条件相符合，足见广府文化的开放性与兼容性。

---

① 何秀煌. 广东话、香港文化与中国传统——"广东话与香港文化"之三[J]. 联合校刊, 1981-1982: 28-29.

第二节　广州老字号的大师傅：黄光明

　　"点都德"茶楼是广州著名的餐饮品牌之一，其前身德香楼的经营始于1933年，后由于种种原因而关门停业。2013年，广东餐饮名人、德香楼的后人沈振伦及其儿子沈志辉着手恢复这家老字号，并改名为"点都德"。这家重获新生的老字号延续了穿越大半个世纪的旧式全天候茶市的定位，以雕梁画栋的元素妆点出广府老西关的视觉氛围，其大厨团队在深挖传统茶点之余，也顺应潮流做了诸多改良与优化。

　　点都德的出品总监黄光明在推动点都德贴合时代发展这一方面，可谓功不可没。这位笑容可掬的后厨匠人曾获得世界粤菜金奖、南粤餐饮功勋人物等殊荣，是广式叉烧包制作技艺的

黄光明负责点都德出品

代表人物，也是虾饺非遗技艺传承人。

　　黄光明16岁开始学厨，初衷是为了帮补家用，但是在学厨的过程中领略到了广式点心的魅力，一份热爱成为他坚持至今的理由。当时黄光明为了能够多学一些东西，每天都特别勤奋，往往凌晨两三点钟就起床准备，擀面皮、料理各种食材、烧柴烧水、蒸包子……一天下来几乎没有停歇的时候。"别人下班出去看电影的时候，自己还总是在宿舍继续练习手艺。"他笑着回忆道。

　　学点心远比他想象的要困难，但是他都坚持下来了，对每一道点心都下足了功夫。仅仅为了练习虾饺技艺，黄光明就吃尽了苦。揉面、拍皮、拌馅、包馅，每一道工序都是真功夫。以揉面为例，过程就已堪称繁复，期间需要将开水混入澄面与生粉中搅拌，为了让虾饺皮晶莹而透明，柔软有韧劲，黄光明下了经年的苦功，他的手掌因为长年累月接触高温面团，早已起了一层厚厚的茧子。通过

● 点都德顺应潮流做了诸多改良与优化

自己的努力，黄光明最终从众多学徒中脱颖而出。为了学到更多的点心技艺，黄光明跟过好几位师傅学艺，也时常和同行交流学习，之后还拜入粤菜茶点大师何世晃门下。

加入点都德之后，他从师傅做到主管，再到总厨，到现在成为出品总监，一直在不断创新研发，开创了红米肠、陈醋凤爪等茶点，这些都成了大家追捧的菜式。"让广式点心更加与时俱进"是他创新的初心："迎合当下年轻人的需求，更多餐饮店从就餐环境、点心菜式、饮食方式、经营方式等多个方面进行创新，更加贴合时代发展的脉搏。"新的时代要求下，传统的"食在广州"含义更加开放包容，黄光明希望自己能够通过菜品让现在的年轻人不仅喜欢喝早茶，还能够了解更多的广东饮茶文化。

然而创新并不意味着抛弃传统，黄光明认为，每一道做出来的点心都能体现出厨师用心与否。点心点心，讲究由"点"入"心"，他坚持"手工比机器好"。黄光明认为，传承就应该手工传承，广式点心的经典在于它蕴含着手工现做的"人情味"，机械制作就失去了传统的味道。因此，为了做出街坊们最喜欢的传统味道，黄光明一直坚持手工制作。

▼ 点心点心，由「点」入「心」

黄光明现在带领的点都德厨师团队有两三千人，他每天到店里都会先品尝一遍出品的菜式，检查味道是否达标，平时除了研发菜式，还给学员授课，到全国各地的分店去巡视。同时，作为广式叉烧包制作技艺和虾饺非遗技艺传承人，黄光明积极参与非遗活动，进一步传承和发扬广式点心。

第三节　茶楼必点"四大天王"：虾饺、烧卖、叉烧包、蛋挞

在众多点心当中，有四种被誉为是早茶中的"四大天王"。

虾饺

广东人以及香港人饮茶，少不了来一笼虾饺。上乘的虾饺，皮白如雪，薄如纸，半透明，肉馅隐约可见，吃起来爽滑清鲜，美味诱人。

虾饺最早出现在广州郊外靠近河涌集市的茶居。那些地方盛产鱼虾，茶居师傅配上猪肉、竹笋，制成肉馅。当时虾饺的外皮选用黏（大）米粉，皮质较厚，但由于鲜虾味美，很快流传开来。城内的茶居将虾饺引进，经过改良，成为广州以及香港的名点，历久不衰，更是官方盖章认证过的"海珠区非物质文化遗产"。

烧卖

干蒸烧卖有猪肉干蒸烧卖和牛肉烧卖两种。其中牛肉烧卖的历史有七八十年之久，发展至今，已配以马蹄粒、笋粒等爽口配料，使其更加鲜香爽口，肥美不膻。

叉烧包

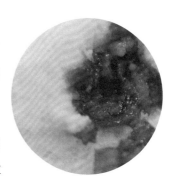

叉烧包是饮茶时必备的点心，在2018年入选了"广州市第五批非物质文化遗产代表性项目推荐名录"。

将切成小块的叉烧，加入蚝油等调味成为馅料，外面以面粉包裹，放在蒸笼内蒸熟。好的叉烧包采用肥瘦适中的叉烧作馅，包皮蒸熟后软滑度刚好，稍微裂开露出叉烧馅料，散发出阵阵叉烧香味。

蛋挞

地道的蛋挞以挞皮分类，主要分为牛油蛋挞和酥皮蛋挞两种：牛油蛋挞的挞皮比较光滑和完整，好像一块盆状的饼干，有一阵牛油香味，口感像曲奇饼一样。

酥皮蛋挞的挞皮为一层层薄酥皮，因使用猪油，口感较牛油酥皮粗糙。除以砂糖及鸡蛋为蛋浆的主流蛋挞外，亦有在蛋浆内混入其他材料的变种蛋挞，如鲜奶挞、姜汁蛋挞、巧克力蛋挞及燕窝蛋挞等等。

让广式点心更加与时俱进

拾伍 失传已久的 太史菜

广东有两大美食世家：谭家菜和太史菜。谭家菜北上，融合各菜系成了顶级官府菜。太史菜则坚守广东，恪守粤菜特点并发扬光大，对粤菜的影响长达半个世纪之久。太史菜的背后，是「江太史」江孔殷先生，他精研饮食，几乎到了出神入化的境地。

第一节　太史菜的江湖传说

江太史名孔殷，是晚清最后一届科举进士，故被称为江太史。江太史家世显赫，祖上为茶叶富商，自己又担任英美烟草公司南中国代理经年，富甲一方之余，交友横跨中西，饮食涉略范围甚广，有"百粤美食第一人"的称号。

江湖中传说他的家厨就有中餐厨师、西餐厨师、点心厨师、斋厨娘，可谓"钟鸣鼎食之家"。民间趣闻传说，每当太史家有新菜问世，各大酒家立即盗版，并且冠以"太史"之名招徕食客。但凡被冠以"太史"二字的新菜，一经推出，立刻风靡一时。当时的军政要员、中外使节、殷商巨贾，无不以一登太史宴席为荣。清末广州文人胡子晋据此作竹枝词云："烹蛇宴客客如云，豪气纵横自不群。游侠好投江太史，河南今有孟尝君。"

20世纪江家因战乱家道中落，江家大厨们流落省港两地的各种"社会餐厅"，由此为后世大体完整地留存了一份活色生香的"口头文化遗产"，其中的代表作当数太史五蛇羹、太史田鸡、太史豆腐等。

太史菜每一道都大有讲究，以太史五蛇羹为例：据闻太史蛇羹的要求，其他材料都用刀切得幼细如发，唯独蛇肉，必须手撕，以求吃起来的时候有口感。因为蛇肉的纹理是斜线的，经不起刀切，一切就碎。先把一条蛇剪成十段左右，每段长度一致，然后用手顺着纹路撕下，煮起来时蛇肉才会保持丝状。太史蛇羹的做法，汤底一定有两份：一份蛇汤，一份顶汤，分开熬制，然后按照比例混合一起煮。一碗羹里有千丝万缕，舀之连绵不绝，入口才能百转千回。

从江家最后一位家厨李才的传人黎有甜口中得知，太史蛇羹讲究做法，也讲究吃法，上一代商贾贵客都是这样品尝的：

下了菊花瓣，然后把冬菇丝、天白花菇丝、蛇丝和菊花瓣夹起来，放在汤匙上，加两条柠檬叶丝，慢慢嘴嚼，吞下，然后才喝一口汤，分两个阶段去欣赏，薄脆则是当作"送口"，拈在手中，喝了汤咬一口，为口中添香，层次递进且分明地品尝，如是重复着动作去吃完一碗蛇羹。而不是好像现在这样，什么都捞在一起摆入口，囫囵吞枣。

　　"太史府第，从做到吃，都有极其精细的讲究。但同一窝蛇羹，传入民间，价值观要接地气，讲求足料、大堆头，而这个市场又是比较大众的，就渐渐变成较为普及的吃法了。"品味也需要时间去培养，总是在疾速中生活的现代人，恐怕闲情愈来愈少，做法能保存，吃法却无可避免逐渐"失传"。而且由于太史菜对于用料、选材要求严格，做法要求精细，其高贵格局与登上大堂之雅同大众市场的矛盾，也是现在太史菜面临失传困境的原因之一。

第二节　太史菜守味人：雷良

　　粤菜的饮食美学，是全方位的、风雅的东方审美，从一件精致的点心，到一座"花窗尺画"的园林酒家，无不凝缩着广府人细腻的生活情趣。

　　园林式酒家是广州饮食的创举，是将粤菜与造园相互结合的文化产物，方寸间容纳千里景致，充分展现了广府饮食美学的造诣。创建于1928年的北园酒家，是广州最早的园林酒家，以烹制正宗粤菜著名。1958年酒家更新扩建，由广州著名园林建筑师莫伯治设计，建筑风格类似西关大屋，时任广州市长朱光为其题字"北园"。从此，北园与泮溪、南园一道，并称为广州三大园林酒家。"食饭去北园，饮茶到泮溪"也成了60年代广州人的流行语。

　　北园酒家原来高大而厚实的铁梨木大门两旁，有一古意盎然的对联："北郭宜春酒，园林食客家"，这十字是对北园精髓最精准的概括。北

▲
北郭宜春酒，园林食客家

园之内，雕梁画栋、青砖绿瓦、红桥连起两廊。至今一踏入大门，依然可以见到套色玻璃蚀刻的旧满洲窗、千足金镶镀的红木镂花屏风，一楼的房间都以满洲窗门隔开，所有的窗门都穿着"玻璃衣"，享受特级保护。北园总经理雷良介绍，整个北园现有满洲窗200个，带满洲窗的屏风100个，还有14幅双面贴金镂空工艺木雕。

大凡来北园做客的人多半都会带些"怀古探幽"的心境，穿过回廊摇曳灯笼，看鱼池竹影婆娑，听流水潺潺，自是非常惬意。但作为一座食肆，吸引顾客当然不仅停留于此，一本含金量高的菜谱才是食客们前来探寻的最终目的。历史上北园的十大名菜就颇具盛名，如油泡虾仁、郊外鱼头、蚝油鸭脚、干煎鸡脯、香汁炒蟹、宝鼎满坛香、桂花香扎、松子鱼、片皮挂炉鹅、瓦罉花雕鸡。

这个经历了一个世纪风雨的"山前酒家、水尾茶寮"至今依然生意兴隆，北园总经理雷良功不可没。雷良是中国香港人，已有62岁，1986年来到广州，是改革开放后最早一批来广州打工的香港人。广东与香港地域相连，共靠一片山，共饮一江水，在香港长大的雷良，从小就对传统粤菜情有独钟，这也成为他选择来广州实现梦想的最大动因："其实来广州不是我唯一的选择，当年新加坡的酒店也给我开出了丰厚的条件，但最终我拒绝了，因为我始终觉得，只有这里，才能让我做出最地道的粤菜。"他认为，粤菜只有在这片水土之中，才能释放它最好的风味。

雷良的经营理念，便是将北园酒家的园林气质和粤菜古韵结合。在这里，他决心把传统粤菜发扬光大。金钱鸡、太史戈渣、冬瓜盅等经典太史菜因为工序复杂且无法卖出更贵的价钱，几近失传，他便结合现代人的口味和营养需求，将菜式向高档化、营养化改进。北园每年冬至都卖蛇羹，每年夏至卖冬瓜盅，坚持了多年，雷良相信，通过这样的坚守，传统的粤菜定会传承下去。

闲暇时间，他会走遍广东各地品尝菜品，不仅会将当地的食材带回来，也会将自己的想法带回来和经理、厨师讨论，聊一聊未来菜品的设计。此外，他还会研究满汉全席、美食家江太史相关的书籍，从而寻找灵感。

"时代在进步，美食行业也在不断创新发展，现在很多年轻人喜欢的地道香港小吃，很多也是融合了西式的制作手法。新的烹饪技法和用具，可以说让传统美食的制作和发展如虎添翼，我们不断改换粤菜的形，为的是更好地留住粤菜的神。"按图索骥的寻觅后并非简单的复制，"学人不似人"是他一贯的坚持。

北园酒家历经近一个世纪的风雨，至今仍能享誉整个大湾区乃至海内外，靠的就是对创新的深刻理解，与对传统坚持不懈的守护。

第三节　粗料细制：金钱鸡

金钱鸡是一道传统粤菜。名为"鸡"，实为猪肉，因嫩滑如鸡而得"鸡"的芳名，以前物质匮乏，很多人吃不起鸡，只能取烧腊店不会选用的鸡肝烧制。所谓"金钱"，是指它的主料肥猪肉、瘦猪肉、猪肝或凤肝、叉烧、冰肉均改成圆形薄片，腌透后用长铁针梅花间竹（按依次顺序）贯穿起来，涂上蜜糖，头尾用较韧的猪皮夹紧固定，入炉明火烧至焦香，食前拔出铁针，各烤片中心留有一孔，形似铜钱，故称"金钱鸡"。

据雷良说，传统金钱鸡的材料有三种，肥猪肉、瘦肉和鸡肝。其中的精髓就是肥猪肉腌制而成的"冰肉"，专挑靠近里脊处的肥肉，肥猪肉必须用糖、玫瑰露酒、豉油腌制一个星期，油脂渗出，肥腻感全无，才能变成最后莹润透明的状态，所以被称作"冰肉"。人们常听的"冰肉粽""肉心杏仁饼"，还有顺德的"鸡仔饼"，好味的秘密就在这个冰肉。

值得一提的是，冰肉还是五仁月饼的点睛之笔。早在北宋，宫廷制饼师就将糖酒渍肥膘入月饼作馅，大概就是五仁月饼的"鼻祖"了。从皇亲贵族到市井百姓，都变成五仁月饼的超级粉丝，袁枚在《随园食单》里大赞，说加了冰肉的月饼吃起来香松柔腻。

▶ 粗料细制的金钱鸡

拾陆

复刻

南越王宴

岭南地区由于历史、地理和气候条件，形成了颇具特色的饮食传统和风格。现今粤菜可谓举世闻名，羊城美食也已美名远播，而「食在广州」最初的起源，便在西汉南越王博物馆内。

第一节 南越王的思乡情结

公元前203年，岭南大地上出现了第一个封建地方政权——"南越王国"，促进了岭南与中原在政治、经济、文化上的交流，在饮食文化上，中原先进的烹调技艺和炊具与越地丰富的食物资源及饮食方式实现了大融合，为如今独树一帜的粤菜风格奠定了基础，而这种兼容并蓄的饮食风气也影响岭南地区长达2000多年。

1983年发现的第二代南越王赵眜的陵墓，其中出土了种类繁多的炊具以及丰富的食材，足以管窥当时岭南饮食的盛况。《晋书》中说："广州包山带海，珍异所出。"2000多年后，当人们看到南越王墓后藏室出土的饮食器具时，还是忍不住惊讶，从"御膳珍馐"到炊具容器，一应俱全。在仅4平方米的狭小空间内，堆放了130多件（套）炊具、容器，还有大量粮食果品、禽畜、海产品的残骸。

在这些出土的炊具中，最为典型的是多种样式、大小不一的鼎，既有汉式鼎、楚式鼎，还有具有本地特色的越式鼎。越

▶『食在广州』的起源

式鼎呈敞口状，口沿外折成盘形，这种外敞的盘口形可以防止鼎内烹煮的粥汤外溢。除了鼎，还有铜鍪，也是用于煮食，它短颈深腹环底，肩部还有两个环形耳，可以直接提取到桌上使用。鼎只可以烧柴火，而鍪还可以用于灶台。此外，还有用于蒸煮食物的釜甑，表明岭南地区的蒸汽利用技术的进一步发展。值得一提的是，南越王墓中还出土了三件大小不一的烤炉，烤炉旁还配备了烧烤时用来插烧食物的铁钎和铁叉，钩挂烤炉的铁链等。由此可知，2000多年前，岭南已有烧烤的食俗。烤炉设计之精也可以看出当时对烧烤已十分考究。由南越王墓出土的丰富炊具，足见南越国时期烹饪方式非常多样：熬、蒸、炙、煎、炮、羹、煠。

南越国的食物资源非常丰富，杂食之风由来已久。《周礼》载："交趾有不火食者"，"煮蟹当粮那识米"。两千多年前的南越王，已经能将天上飞的鸟雀，水里游的鱼虾，地上走的禽畜，都烹制成佳肴。

《博物志》记载："岭南之人食水产……食水产者，鱼、鳖、螺、蚌以为珍味，不觉其腥臊也。"南越王墓中出土的水产品有14种之多。其中有大量的贝壳类水产，龟足、笠藤壶、耳螺、楔形斧蛤等，说明南越国时期岭南的劳动人民，由于长期采集、捕捞鱼类、鳖类等水产动物，已积累了丰富的生产经验，掌握了从事渔业生产的娴熟技能。

南越王墓中还出土了中华花龟和中华鳖残骸，在1997年发掘的南越国宫署御苑遗址中发现一弯月形石池，池中发现了几百个龟鳖残骸。考古人员认为，在御苑饲养大量龟鳖，也许是供南越王祭祀观赏及食用之需。初代南越王赵佗热衷越地巫祝、龟卜之术，在御花苑遗址上还可找到当时的龟卜台。

墓中还出土了200多只禾花雀，都是经过御厨加工切掉了头和爪的，它们的残骨中还夹存着黄土和木炭，显然曾经被裹着黄泥在木炭上熏烤，即所谓"炮"。今天焗禾花雀依然是广东的一道名菜，连烹饪的方式也非常相似。

越人"不问鸟兽蛇虫，无不食之"，蛇肴最能体现越人杂食的特点。南越王墓中虽没有蛇类残骨出土，但墓中出土的一件实用屏风托座却揭示了越人捕蛇吃蛇的习惯。这件鎏金铜制的人操蛇托座，越人身穿短衣短裤，可见当时粤地气候已非常炎热，嘴里咬着一条蛇，双手抓蛇，双腿下跪，反映出当时的南越人已经开始抓蛇吃蛇。

"飞、潜、动、植"均成佳肴，凭借这些出土的实物，足以想象南越王宴的豪华丰盛。

第二节　广州老字号的大师傅：麦展飞

为发掘南越国时期的饮食文化，追溯广州2000年来的饮食之源，广州酒家集团从菜品、餐具、服饰、礼仪、典故、音乐、环境布局等方面精心研制古越文化盛宴——"南越王宴"。

▽
广州酒家复制南越王宴

南越王宴共有九道主菜，出自史料记载的九个典故，原料选择秦时越人喜欢吃的蛇、鸟（雀）、海产类等，烹制方法也效法当时流行的烩、烙、炮、炙等做法，连餐前小食也精心选择，如选用当时流行吃的槟榔、荔枝干、青榄等。

为求效果逼真，广州酒家集团炮制南越王宴时不仅请来权威考古专家论证，而且还到西安、洛阳等秦汉文化发达的地方"取经"，了解秦汉时期的服饰、餐具、青铜器和音乐等，还定制了一批仿古青铜器和编钟。

南越王宴就餐的地点在广州酒家集团古色古香的满汉宫里，宫门前有两名手握长戈的戎装"士兵"站岗，身着"深衣"（秦时期的服饰）的"宫女"负责迎客。满汉宫里摆放了许多青铜器，一排编钟立在一旁，每上一道菜便敲一次钟，仿效古时大户人家"钟鸣鼎食"的进餐习俗。在菜单设计上结合典故，将食料与史料相融合，食客在进餐过程中，每上一道菜都会听到一段相关的南越国典故和饮食掌故介绍的录音和秦汉编钟音乐。南越王宴在器皿上也参

△ 南越王宴展现了岭南饮食文化之源

考了广州汉墓出土的青铜器、铁器、陶器、漆器等，使食客如同身历其境，留下回忆，带走文化。

广州酒家集团成功还原这席南越王宴，得益于一众粤菜大师的潜心钻研和探索。广州酒家集团行政总厨麦展飞便是其中之一，51岁的麦展飞17岁入行时的第一份工作，便是在广州酒家集团文昌店做学徒，跟随师傅学厨多年，深得真传。如今入行34年，无论是传统的粤菜还是创新菜品，他都游刃有余。

麦展飞深谙传统粤菜讲究原汁原味，口味清淡。他认为南越王宴作为粤菜的发源之一，技法流传千载，承载了大师们的独特技艺及广东地区独有的饮食文化。为了能够探寻粤菜之魂，麦展飞多次到南越王博物馆寻找灵感，他也将自己多年来对食材的理解运用到了南越王宴的复原及创新上。

通过不断的求索历史和试验碰撞，麦展飞用自己的团队配合师傅在广州酒家集团复原推出了2000年前的南越王宴，将独特的南越风情通过美味呈现在食客面前。粤菜的历史地位能被今天的中国人认可，南越王功不可没，而南越王宴更是充分展现了岭南饮食文化之源和粤菜之源的佳作。

▼ 全方位复原南越王宴

第三节　南越王宴菜品

南越王宴菜单

越人小食：切鸡、灼虾、田螺、萝卜、蚕虫、龙虱、烧肉、禾虫

雄关新道·厨蒸越法烧小豕：烧酿全猪

始皇寻珍·南岭土风鲟鱼脍：鱼生、薄脆、榄仁、藠头丝、西芹丝等

灵渠船曲·灵水浸煮海河鲜：白汤煮蟹、虾、鲍鱼、花螺、青口等

番都称王·百越陶瓮蚰蛇馔：屈蛇、火腩、姜、葱、蒜子、冬菇

三郡升平·铜鼎豆酱爆八珍：豆酱、溴带、冬菇、冬笋、鸡亦球、果子狸、黄猄、鳄鱼

陆贾南末·木炭黄泥炮乌雀：黄泥（面粉）裹焗鹧鸪

越王思汉·思乡客家酿豆腐：煎酿豆腐

赵佗百岁·炙蚝拌炒龟鳖裙：蜜汁烧蚝拌彩椒炒鳖裙、龟片

南北归一·海陆贡品调御膳：海参、猴头菇、栗子、花胶炖汤

南国田园风光：火合菱角、马蹄、莲藕、郊笋、茨菇

岭南时鲜贡果：龙眼、红枣、三木念、仁楒、荔枝干、乌榄、糖橘、核桃

南越风情甜品：姜撞奶

雄关新道·厨蒸越法烧小豕还有一段传说：秦始皇统一岭南后，为巩固皇权，下令遣有罪的官吏等修筑从中原通往岭南的道路（史称"新道"），并在要隘设置关防城池。

据说，当时流戍南越的将士，饮食多以烧制食物为主。后世南越王墓曾出土一件青铜烤炉，炉上悬挂大件烤物的铁链、烤串肉的铁签、烤乳猪或三鸟的长铁叉，同时还出土有乳猪和鸡鸟的骨骸，这是目前所知最早的中国烤乳猪的一组实物饮食史证。

专事王宫烹饪的"厨丞"，依照南越人烤乳猪的制法，"小腹开，去五脏又洗净，以矛如腹令满，柞木穿，缓火遥"，烤制出色赤皮脆的乳猪。

"灵水浸煮海河鲜"菜式来自"灵渠船曲"的典故。秦始皇三十年令史禄开凿灵渠，沟通湘水和漓水。灵渠是世界上第一条船闸式人工航道运河，当时秦军大批粮饷物资通过水路运送，为最后统一岭南提供了条件，而河鲜则是当时越人最常吃的食物之一。用"灵渠"之水熬制的高汤浸煮各种河鲜，原汁原味，鲜美无比。

越王思汉·思乡客家酿豆腐其实是大家熟悉的东江酿豆腐，不过背后的典故"越王思汉"则让人为之动容——据传赵佗祖籍巨鹿郡东垣县（今河北省正定县），领军南下越地后未曾返回故里，尽管生活上已融入岭南习俗，但常有思乡之情。赵佗喜欢吃饺子，但当时南方少有麦面，于是将豆制品酿以肉馅，当做饺子以缓解思乡之情，民间流传这就是客家菜东江酿豆腐的来源。

第二篇
潮汕菜：山与海之间

引言 >> 潮汕菜的记忆之味

    潮汕地区位于广东省东部，东邻福建省，北界梅州市，西接汕尾市，行政上包括潮州市、汕头市、揭阳市及其所属的潮安、饶平、澄海、南澳、潮阳、揭东、普宁、揭西和惠来等县、市。其范围不仅有平原地区，还包括周围丘陵山地及属内海岛。土地面积10362平方千米，占全省土地总面积的5.8%；人口1222.8万，占全省总人口的14.15%。[①]潮汕地区是一个人口密集，历史文化悠久，具有浓郁地方文化色彩的著名侨乡。

    潮汕饮食文化是粤东地区的人们在长期共同生活中逐渐形成和发展起来的一种地方文化。潮汕菜因"色、香、味、型"并美而饮誉中外，是中国八大菜系之一粤菜的主干与代表，已有千年的历史。潮汕菜素来强调食材原汁原味，口味清而不淡、油而不腻、鲜而不腥、嫩而不生，"食在广州、味在潮汕"享誉海内外。

    潮汕菜在唐代就已经崭露头角，曾任官潮州的诗人韩愈在《初南食贻元十八协律》中写道，当时的潮汕人注重调味，懂得运用调料作海鲜："调以咸与酸，芼以椒与橙。"明朝中后期海内贸易的急速发展刺激了潮汕商业的迅速发展。其中，潮汕重臣林熙春在其《宁俭约序》中这样写道："吾乡曩时好耕稼而乐樵采……驯至于今，则水陆争奇，第宅错绣，鲜衣丽裳，相望于道。"可见潮汕人民当时生活

[①] 广东省统计局，广东省统计年鉴[Z]. 北京: 中国统计出版社，2001

水平极高。而这样的顶峰要求人们不再是以吃饱饭为目的，更重要的是要吃得巧妙，吃得精致。在潮州有句俗语说得好："坐书斋，哈烧茶，鲍鱼猪肉鸡，海参龙虾蟹。"这便是潮汕饮食文化中吃不厌精的生动写照。

正是在这种社会环境的促使下，更多人开始享受生活，这就需要进一步加强饮食水平，随着经济的发展，潮汕菜持续繁荣。加之潮汕地区靠海的地理环境，除了可种植粮食作物，还十分利于捕携鱼类及海产品，大小品种达上百种。丰饶的物产也保证了潮汕人丰富多彩的饮食种类。潮汕菜的特点可分为下四点：

其一是口感偏清淡。湿热气候造成潮汕人重清淡的饮食习惯。潮汕地区夏长冬短，天气炎热潮湿，常使人热不思饮食，所以潮汕人皆好品粥，粥种类繁多，大致可分为芳糜和白糜两种。芳糜有鱼糜、猪肉糜、虾糜、鱿鱼糜等，白糜有潒糜、夹头抱糜等，还有麦糜、秫米糜等。潮汕菜式重清淡，然这种清淡并非清寡如水、淡而无味，而是清中求鲜、淡中求美。潮菜还很注重汤，而且绝大多数是清蒸，因此汤水清保持了原汁原味。同时因炎热潮湿易使人上火、中暑，因而潮汕人又有夏季喝凉茶饮甜汤降火的习惯。

潮汕菜至今仍保持着"重鱼鲜喜清淡"这一原始特征的另一原因是海产丰富。由于潮汕地区多海鲜，因而潮汕人认为食材一定要原汁原味，特别是要凸显食材本身的鲜味，所以菜品口味偏清淡，这样才不会被辅料夺取了食材本身的味道。《潮州府志》上称："鱼生、虾生之类，辄为至味。"《澄海县志》也说："澄地多鱼，人善为脍。披云缕雪，洁白可爱，杂以醋韭等物食之，谓之鱼生。"从上面古籍的记载中不难看出潮汕地区喜好食材原味的习惯由来已久。

其二，潮汕菜饮食与养生并重，历史上南下的中原移民离乡背井到潮汕谋生，形成了强烈的家族观念，具有高度的凝聚力。而潮汕地理的自成一体，文化的独特地方特色，以潮汕话为纽带形成"自己人"的共性特征和族群意识，进一步强化了潮汕人的凝聚力。这一凝聚力在饮食上就表现出高度的"和合"精神，兼之地处卑湿，气候燠热，容易致病，因而潮汕人在食俗上总结出一套养生经验，便是将辨味适口与摄生保健结合起来。人们吃每样菜都要考虑它的寒凉热燥，在配菜上取其"和"。

潮汕菜在配菜上会考虑阴阳平衡，而且还要考虑到味道的酸甜苦辣。做汤时经常会选用一些既是食品又能当药品的食材，例如枸杞、莲子等等。除了在食材上讲究平衡外，还非常讲究吃饭的节奏，上菜次序严格，一般原则是：先清后浓，先高档菜后一般菜，先荤后素，先菜后点，各种烹调方法穿插，各类不同原料构成的菜肴品种相同，甜品在后，酒宴期间绝不会出现暴饮暴食，用席期间还会穿插工夫茶，用来去除食物中的油腻成分。

潮汕菜的另一个特征则是制作精细精巧。潮汕人从唐代起便深受儒学熏陶，韩愈在潮汕地区广受崇敬，"韩愈在潮八个月，赢得山水改姓韩"，造就了潮人们在文化心态上注重儒雅，重美善兼备，拒绝粗放。加上明清以来，潮汕地少人多，农业生产不得不在精耕细作上下工夫，有"种田如绣花"之说。正是在这种文化的影响下，潮汕人在生产及生活中无不体现着精巧。"反映在建筑上为细小格局，在木石雕工艺上为剔透玲珑，在庭园布置上为小巧精致，在饮茶上为工夫茶道，而在制菜方面，则无论选材用料、刀工火候、配料蘸料乃至菜的色、香、味、形、质等等，都刻意讲求，一丝不苟。"①

正因为做菜的每道工序都要严格按照色、香、味俱全的标准来执行，所以就连最为普通的番薯叶也能被制作成美味绝伦的"太极羹"，食鱼生则"每飞霜锷，泡蜜醪，下姜蒌，无不人人色喜"，食蟛蜞必须"以盐酒腌之，置荼蘼花朵其

---

① 杨方笙. 潮州佳肴甲天下[J]. 文史知识, 1997: 9.

中"。①潮汕菜也因为讲究技艺、刀工出众享有"工夫菜"的美誉。即使是做汤也显示出潮汕菜的精致，制汤必精，煮汤必拙。凡此种种无不反映了潮州菜制作的精细、巧妙。

此外，潮汕菜还崇尚口味自由。清淡鲜美的味道固然为众人所喜爱，但是一味地清淡也不利于潮汕菜的推广。潮汕人为了更好地发展及推广潮汕菜想了很多办法。例如：菜肴之中会加入一些味道较为浓烈的食材，或是用一些甜点来作为辅菜。更重要的一种方法就是依靠各种调味品来实现。潮汕菜所用到的调味品可以说是五花八门，而且经常会给人一种意外的惊喜。食客可根据自己口味的需要来选择合适自己的调味品，再无众口难调之忧。

潮汕饮食文化在漫长的形成过程中曾吸收各种菜系的精华，既有闽越的传统风味，又有中原的饮食习惯。②但是所谓"一方水土养一方人"，外来的饮食文化与地方的习尚汇合交融，最终形成了自有的独特口味，形成了注重"清、淡、甘、和"，制作精细，小吃多样，佐料齐全等饮食特色。③现在，随着潮汕地区经济的飞速发展，与外界经济、文化联系的日益增多，以及外来人口移入和潮人迁出，潮汕饮食文化不断地对外界饮食文化进行"取其精华"的吸收，在保持传统特色的基础上，创制出更精巧，更加符合现代饮食卫生和健康的饮食习惯的潮菜品种，延续潮汕饮食的辉煌。

① 屈大均. 广东新语：卷二十三 介语[M]. 刻本. 水天阁，1700（康熙三十九年）

② 周剑清. 广州人、潮州人、客家人的饮食差异[J]. 广东食品，1998（2）：17.

③ 张富强，丁旭光. 潮汕文化特质散记[J]. 广东文史，1994（1）：53-58.

壹

潮汕

粿品 的非遗传承

「潮汕人，尚食粿」。

潮汕平原地远中原，坐落于南涯而倚海畔，故而气象易迁，农务海务多碍于此，所以潮汕自古就极重时节之说，每逢节气，必制「时粿」供奉神灵，形成了独特的「粿文化」。

第一节　时节做时粿，时令防时病

　　潮汕地区土地肥沃，农产丰富，由农作物制成的农食杂粮具有浓厚的地方色彩，其中最具有特色的当属潮汕地区的粿。粿，是一种米制作的食品。相传早先中原先民南迁到潮汕地区，按祖籍的习俗，祭祖祭品应当为面食，南方不产小麦，只能用大米、糯米等来做祭品。

　　潮汕民间习俗，历来极其重视时年八节的祭神拜祖，粿往往作为必备祭品，在祭品中仅次于"三牲"。因此粿大多与时年八节相对应，比如春节除夕的鼠曲粿、红桃粿，中元节的"碗糕粿"（即笑粿），五谷母节的尖担粿、谷穗粿等。元宵节要做甜粿、酵粿（发粿）、菜头粿，即"三笼齐"，取其甜、发、有彩头之意。八月十五中秋节要做"油粿"来祭拜神明，有弯月形或圆锥形两种。

　　粿品用于祭祀，往往寄托着人们的美好愿望，赋予好意头。例如很多粿类都是用木印印成桃型，是人们以寿桃的外形表达对健康长寿的祈求；潮汕小食白饭桃，采用糯米饭作馅，是人们对五谷丰登的希冀；红曲粿、酵粿，是潮汕民间重大节

潮汕人，尚食粿

日必备的祭品，红曲粿染成红色，因为红色是潮汕人心目中吉祥如意的象征，蒸的酵粿因大酵的作用而松发，潮汕人便用以寄托兴旺发达的愿望。如果发酵过程做得好，蒸熟之后，粿面凸起而裂开，状如花朵，潮汕人称之为"笑"，这意头也好。

　　粿品除了用于过节祭神拜祖、寄予美好的愿望外，潮汕民间还流传着许多有关粿文化的谚语和故事。如谚语有"贤做雅粿"（雅粿即好看的粿）形容工于心计、善做表面文章的人；"歪鬃资娘做无雅粿"（资娘即女人）形容某些女人仪表不整，手工不佳，有不贤惠之意，也体现粿品要求精工细作；"乞食丢落粿"（乞食即乞丐）比喻那些异想天开、绝无可能的事；"咬破粿"指事情弄糟露了馅；"软过菜粿"（菜粿柔软可口）喻人软弱无能；"灶头拾着粿，眠床拾着被"意指拿人家东西，并非偶然拾来。①另外，粿对防治疾病具有一定的疗效。潮汕民谚云："时节做时粿，时令防时病。"就是有选择性地利用适合节气防治常见病、多发病的中草药，用科学操作工艺拌入米粉（俗称粿志）加工研制烹调成可口粿品，以预防疫病。如鼠曲粿，可于春天御春寒咳嗽；红曲粿，可消食健脾；菜头粿，可去邪热气；麦粿，可利便养肝；栀粿，助消化、增食欲、祛疾病。这样的粿品使人既可享受美食口福，作为时令药膳又可起到增进食欲、提供营养、调摄养生和医药保健、益寿康宁之功。

　　潮汕的粿品从结构上讲，粿品有皮包馅的，也有主料和馅混合在一起的。这种主料和馅混合在一起的制作方法，象征着一种传统文化理念：和为贵，"和"即"融合"。潮汕先民融合了中原文化、闽文化形成了自己的文化，潮人祖先为求生存开拓到海外异国去打天下，吸收了异国文化，海外潮人因此发展壮大。有容乃大，容纳各种品味，最后形成一种独有的风味，这就是粿文化的精神所在。

　　由上述可见"粿"贯穿于潮人的整个生活图景中，牵扯着他们心中的

---

　　①　郝志阔，郑晓洁. 潮汕地区食文化论略[C]//万建中主编. 第二届中国食文化研究论文集. 北京：中国轻工业出版社，2017：210-213.

乡情、亲情，与他们的欢乐和悲苦紧密相连。潮汕的粿，不仅是满足口腹的精美食品，更凝结着一种本土文化，体现着潮汕的精神。

第二节　潮汕粿品手艺人：郑锦辉夫妇

潮式粿品不仅仅是扬名海内外的精致小吃，其背后更凝结着深厚的文化底蕴和乡土情怀。随着都市人生活节奏加快，家庭自己做粿的传统已日渐式微，但是粿品在潮汕美食中依然占据重要的一席之地。

在汕头，"老潮兴"这个老字号以专业生产、销售具有潮汕特色的传统粿品而闻名遐迩，如今已成为潮式粿品的一张名片。

"老潮兴"的老板郑锦辉、郑少君夫妇在汕头从事做粿品的生意已有30年，用半生打造了"老潮兴"，并用粿品联结本地居民的婚丧嫁娶。据郑锦辉介绍，自己的曾祖母曾远赴新加坡，在当地从事粿品生意，他爷爷的哥哥也曾在揭阳开粿品店。郑锦辉的父亲自小跟着其伯父学习这门手艺，随后进入地都腌制厂担任技术员，在食品制作方面有丰富的实践经验。后来父辈将这门手艺传给了他，他就决心要努

『老潮兴』郑锦辉夫妇

力将祖辈传下来的手艺发扬光大。

在潮汕人心目中，粿里包含着童年时家人一同围坐做粿的回忆。"小时候，逢年过节，一家老小总会围在一起做粿。"谈及童年趣事，郑锦辉、郑少君忍俊不禁。在大人做粿时孩子们会围在一旁有样学样地做小粿，长辈的谆谆教诲和孩童的欢声笑语交织在一起，这是当时很多潮汕人家逢年过节的常见一幕，也是郑锦辉、郑少君夫妇共同的童年记忆。在耳濡目染中，他们娴熟掌握了做粿的技巧，这些儿时无意习成的技能，也成就了他们往后人生里重要的粿品事业。

最开始做粿品生意时，郑少君夫妇出售的粿品种类很少，只有红桃粿、甜粿、番薯粿、反沙芋等。"有时一些顾客会过来，告诉我们现在什么粿最热销，我们应该做什么粿，应该怎么做最符合他们的口味。"夫妻俩巧手做出的粿品得到了众多顾客的肯定，也乐于和顾客交流，这种互动让"老潮兴"出售的粿品越来越契合市场需求，种类也越来越丰富。

2012年，郑锦辉入选第二批市级非物质文化遗产项目代表性传承人。2014年，郑少君被确定为广东省省级非物质文化遗产项目潮式糕饼制作技艺（潮式粿品制作技艺）的代表性传承人。他们的大儿子郑冠楠和女儿郑冠虹也是市级潮式粿品制作技艺非遗传承人。儿子郑冠楠作为老潮兴食品有限公司的生产总监，既继承了父母讲究细节、精益求精的生产理念，又以年轻人的眼界主动研发各种新产品，得到不少老顾客的认同。一家4名非遗传承人，在不同的角色岗位上、以不同的方式，齐心协力将"老潮兴"品牌发扬光大。

但是在郑锦辉夫妇看来，"粿"不仅是他们一家为之奋斗的事业，更是留存在每个潮汕人味觉里的深厚文化印记。美味的潮式粿品受到大家喜爱，但因做粿费时又费力，没有多少年轻人愿意沉下心来学习，这一制作技艺正面临失传的尴尬，郑少君对此也是忧心忡忡。近年来，她为这门技艺的传承发展而奔波忙碌，目前已培养了近百名徒弟。在工作繁忙之余，夫妇二人还热心参加各种非遗文化活动，尽自己所能传授好"做粿"手艺。他们认为，作为非物质文化遗产传承人，不遗余力地推介和传承潮式粿品制作技艺，守护好这份潮汕味道，让这份流传百年的粿香传播得更久更远，是他们光荣的责任。

▶ 粿是潮汕人味觉的深厚文化印记

郑少君夫妇除了多次参加市级、区级非物质文化遗产传承活动，还经常到中小学、幼儿园教孩子们做粿。2018年春节期间，"老潮兴"受邀参加"百载商埠 新春同乐"金平区非物质文化遗产和文创产业展示活动；2018年9月，他们赴河北省唐山市参加"中华商标品牌博览会"；2018年10月，郑少君受邀赴德国斯图加特参加"斯图加特—新加坡·远东文化节"，现场展示粿品制作过程，更是将潮汕味道带到国外。

无论时代如何变迁，夫妻俩仍然坚持手工制作每一样食材，让食客能吃到传统的潮汕味道，就是这种坚持和传承让"老潮兴"粿品成为汕头知名品牌。在他们心中，粿不仅是潮汕的美食，更是潮汕传统文化的缩影，它是潮汕人民追求幸福的象征，承载潮汕人民的希冀。粿的独特制作过程、其色香味以及所蕴含的深刻文化理念，为食客们了解潮汕源远流长的传统文化打开了一扇美食之窗。

第三节　时年八节必备粿品：红桃粿

红桃粿，又名红曲粿，取桃果造型而得名。桃象征长寿，故制桃粿正反映祈福祈寿的愿望，有些地方也叫作粿桃。

皮用大米做原料，加红米曲舂捣成粉红色细滑粉末，加温水搅拌揉捏成粿皮，加入用白豆或红豆做成的白豆沙或红豆沙为馅。皮包馅制成后，还需用雕刻花纹图案的母子桃形印模印制。

红桃粿的粿印以桃形为主，也有一些圆形，中间雕一篆体"寿"字，以作印模的主题，周边饰以回形纹，并以这种纹饰围成小桃形，构成大桃携小桃的图案，中间衬托着古篆的"寿"字，主次分明，突出了民间寓意"吉祥福寿"的传统主题。①

郑少君夫妇坚持"不管做什么粿，手工制作是最好的选择。要保持最

①　姚婷. 论潮汕粿印与闽南粿印的差异[J]. 装饰，2013（02）：96-97.

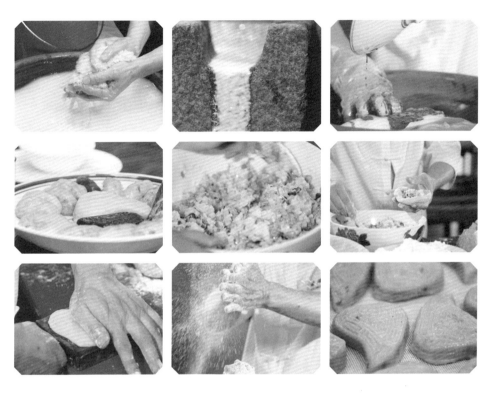

🔺
红桃粿寓意『吉祥福寿』

纯正的潮汕味道，就要纯手工制作"。在同等原料的基础上，如果用机器，口感会比纯手工的差。纯手工揉皮就像捏橡皮泥一样，如果感觉不均匀，可以半加工，以保证皮的质量；但是机器的话，它不能识别是否均匀，不如手工制作细腻和精细。

"老潮兴"一直坚持传统的做法。做粿皮的时候，把米磨成粉，然后晾干，用热水将米粉和成半生熟，再加上薯粉、生粉等。郑少君介绍，这样做出的粿皮吃起来比较有嚼劲，看起来更有光泽。如果全部用米粉的话，出来的粿皮会比较粗糙，没什么光泽。

对于馅料，"老潮兴"也极有讲究：蒸米需要控制好蒸的时间，既不能太长也不能太短。馅料要做到和别人不同，一开始要选好糯米，要会分辨冬糯和早糯，冬糯比较柔软，每一粒比较饱满，这样才会有稻谷的香味。如果选的糯米粒不均匀，吃起来的口感会夹生，不是很好。而且不能夹杂不同的糯米，糯米要保持它的一贯性。

精细化的现代潮菜

民间素来有「食在广州，味在潮州」之说，堪称一语道破潮州菜的精到之处。潮州菜素来强调食材的原汁原味、口味的「清而不淡、油而不腻、鲜而不腥、嫩而不生」。崇尚清淡，不是简单草率、淡而无味，而是从火候、烹法、用料、调料等方面精工考究，从而突出原味的清鲜。

第一节　追求本味的美食哲学

从饮食文化的角度来看，原味就是物质的"本味"，也称自然之味，清代著名美食家袁枚的《随园食单》指出，"一物有一物之味，不可混而同之"，说的就是重视原味的问题。

潮州菜的本味在唐代就已经崭露头角，韩愈在《初南食贻元十八协律》中写道，潮汕人注重调味，懂得运用调料作海鲜，"调以咸与酸，芼以椒与橙"。潮菜以擅长烹制海鲜为主要特色，海鲜作为食材本身就已经各有其独特之味，潮菜在烹制过程中注重保持各品种品类的原味，调料只是作为一种佐料，使其本味能够更好地发挥出来，一般都不采用混合烹制，而采用白焯、生炊（清蒸）、清炖等方式，不加佐料，只把佐料放入酱碟由食客自用。这是潮菜注重原汁原味的最好证明。

食在广州，味在潮州

潮州菜追求从食材中提取本味，在保留食材本身的原味、因时选材与具体的烹饪方式上均非常讲究。[①]因此十分注重汤水的鲜美，潮州菜的汤是以清淡鲜美著称的，汤的品种多样，四时用料不同。春季的竹笋排骨汤，夏天的冬瓜水蟹汤，秋日的水鸭柠檬汤，冬令的干贝萝卜汤，既是应时菜也是清淡鲜的汤水。前人曾经总结说，"寒国之人好多脂，热国之人好淡泊"。徐珂在《清稗类钞》中也指出："粤人喜欢淡食。"可见潮人喜清淡、厌肥腻。

潮汕美食注重保持原汁原味，这与潮汕传统文化中讲求知足常乐、淡泊明志相吻合。潮汕自古就是贬官的流放地。"一封朝奏九重天，夕贬潮州路八千"，宦海的变幻莫测和难以自主，给予潮人一种挥之不去的阴影一般的存在，使潮汕人普遍疏离官场，而以名商大贾为多。既然建功立业"不可为"和"无可为"，生命短促，世事无常，大多潮汕人转而关注对自我这个有形之身的呵护，力求自己过得愉快些、痛快些、舒适些。潮汕人清淡无为的生活态度，不断地影响和强化饮食文化。

潮菜不仅以其味美可口，制作精致而博得食客的欢心，也以其"清、淡、甘、和"的文化内涵而博得广泛的称赞。俗语有云"大味必淡"，这是潮汕美食内涵中的重要特色，也熔铸着潮人精神。

---

① 苏英春，陈忠暖. 论地理环境对潮汕饮食文化的影响[J]. 云南地理环境研究，2004（04）：61-64.

第二节　现代精细潮菜传人：林佳楠

林佳楠，新派潮菜林自然大师的后人，也是家族中唯一一个得到林自然真传厨艺的人。

林佳楠的叔公林自然是潮菜江湖中的传奇人物：林自然并非专业厨师出身，他在20世纪80年代时以业余厨师的身份参加香港潮菜烹调比赛，并且获得冠军，之后投身餐饮行业，先后担任汕头市美食学会主席，韩山师范学院客座教授，被誉为"现代潮菜之父"。

在跟随叔公学习厨艺之前，林佳楠是一个玩世不恭，非常叛逆的"90后"，四处碰壁之后，他最终决定踏上厨师之路。从师后叔公并没有因为亲人的关系给予他特殊照顾，反而相比其他徒

弟对他更为严厉。林佳楠一度想要放弃，但是最终在叔公的教导下找到了最真实的自己，也得到了食客的认可。

对于叔公的教导，林佳楠时刻铭记。叔公曾提出潮菜的核心就是"鲜"，买食材不能贪便宜，要挑最新鲜最好的部位给客人。林佳楠现在在制作菜肴时，也依然将叔公的"鲜"坚持到底："我们潮汕本地人都非常会吃，讲究原味，食材是直接从海里打捞上来的，本身带有咸味，加入水，加入油，直接焖开就可以吃了。海鲜本身的甜味和咸味得以保留，用最简单的烹饪方法，把最好最新鲜的食材，以最快速的方法呈现在食客面前。"

除了"鲜"以外，林佳楠还将叔公对于"精细"二字的追求落实到极致："在他的眼里厨艺不是一种技能，而是一种艺术，所以他认定做菜应该在用料和制作上讲究'精细'，现在市面上有许多饭店都打出'精细'中国菜之类的口号，这个'精细'就是从我叔公这里开始的。"

林自然大师2009年在《潮商》的专访中提到："潮菜的选料非常注重食材的配伍，烹饪时，在形、色、味及口感、营养等方面极讲究'精细操作'，如莲藕配芫荽，菱角配葱花，原料、辅料、配料，甚至是佐料，潮菜都有'精细'的规范。潮菜盘碟多，不同的菜有不同的佐料，这是其他菜系所没有的。"

现在林佳楠独自经营一家私房菜，在食材上不计成本，亲自挑选到港的最鲜猛优质的海产；在菜式的做法上他摒弃掉传统潮汕菜复杂的制作过程及雕刻摆盘，以"现代"的思维、用更简单的方式烹调美味。同时，他还广收门徒，希望通过自己的努力和力量，将叔公创建的新派潮菜传承下去，并在潮汕以外的地方发扬光大。

林自然以传统潮菜为基础，融会贯通了各菜系的特色，率先对潮菜进行改良创新，从而也使潮州菜上升到了一个新的高度，让精细潮菜受到了更多人的喜爱。继承林自然的衣钵之后，林佳楠也开始致力于精细潮菜，努力将潮菜做得更潮。

第三节　精细潮菜：豆酱焗蟹

豆酱焗蟹，是林自然大师经典的精细潮菜菜式之一，被潮汕人称为"大师的蟹"。

林自然精细潮菜菜谱里写到制作豆酱焗蟹，用的原材料是大概2斤一只的大雄青蟹。青蟹，学名锯缘青蟹，古代被称为蝤蛑，一般生长于河流入海口，咸淡水交汇处，性凶猛，肉食性，鱼虾为食。

唐代的段成式就在《酉阳杂俎·广动植》里有过描述，"蝤蛑，大者长尺余，两螯至强，八月能与虎斗，虎不如"，宋代的《续博物志》也有类似记载，"蝤蛑，大有力，能与虎斗，螯能剪杀人"，可见其凶猛。而上面两段也都提到了青蟹凶猛的武器——

两只大而有力的螯，当然，凶猛之余，也特别肥美。

青蟹还可以进一步细分，分为肉蟹和膏蟹，肉蟹一般是指脱
壳后肉渐丰满厚实的公蟹或未受精的母蟹。膏蟹则一般是指受精
后性腺成熟的母蟹，膏肥甘香，其中膏特别饱满的，壳里透着赤
红色的，还会被称为赤蟹。在吃过无数海鲜的潮汕人心里，青蟹
的地位仍非常高，可见其有多么鲜美。而青蟹里的赤蟹，在潮汕
可谓备受推崇，甚至有一个词叫"红膏赤蟹"，用于形容一个人
面色特别好。

这道豆酱焗青蟹，主要是利用蒜头与热油的特殊香味，以及发
酵豆酱的咸鲜，来激发青蟹本身的鲜美，由于油温一开始比较高，
加入一勺水后油水迅速激烈反应，整个加热过程激烈而短暂，所以
有高温带来的香味，又不至于加热太久导致蟹肉过老，而由于本身
蟹比较大，虽然第一口会觉得豆酱咸鲜味有点浓烈，但并不会导致

简单的烹饪步骤，构建出浓郁又平衡的味觉层次

蟹肉内部也太抢味，整个调味集咸、香、鲜于一体，加上蟹膏的甘醇，整道菜浓郁又有层次感，尤其是两只大螯，可谓鲜出天际。

"我们一只蟹至少会用100颗蒜头。"林佳楠介绍道，这道菜的蒜头，在油焗的作用下已经没有了浓烈的辛辣风味，留下了熟蒜的甘香，吃起来更像是炸过的土豆，加上鲜美的蟹汁，滋味甚至不亚于蟹肉本身，所以不必心疼前面下了那么多蒜头，蒜头本身也非常美味。

一道豆酱焗蟹，用了两样非常有潮汕特色的食材，一是豆酱，二是牛田洋青蟹。而通过如此简单的烹饪步骤，却可以构建出如此浓郁又平衡的味觉层次，这或许就是大师之所以被称为大师的原因。

▶ 豆酱焗蟹被称为「大师的蟹」

潮菜
的岁月之歌

潮汕菜是粤菜三大流派之一，发源于潮汕平原，历经千余年的发展，以其独特风味风靡南粤，走俏神州大地且饮誉海外，香飘四海。潮汕菜具有如此大的魅力，有赖于千百年来潮汕菜厨师的不懈传承和勠力创新。

第一节　非遗菜的传承现状

在传统与现代的纠葛中，人们对饮食文化进行着多维解读，其中"遗产化"成为饮食文化应对全球化挑战最被聚焦的一种解读。博大精深的中国饮食文化缺失于世界非物质文化遗产（以下简称非遗）名录，是餐饮界的一大憾事，针对这一共识，饮食行业日益重视非遗保护工作。

2004年8月，中国正式加入联合国教科文组织《保护非物质文化遗产公约》，由此拉开了全国性的非遗保护工作。迄今为止，国务院已经公布了四批国家级非遗名录，在我国的非遗名录中没有设置专门的饮食类项目，国家级的非遗名录中饮食类非遗项目主要分布在传统手工技艺类中，另外民俗类和扩展项目中还有一些。包含扩展项目在内，国务院公布的四批国家级非遗名录中总计有71项饮食类非遗项目，数量在逐渐增多，除此之外，各地还有众多的地方性饮食类非遗项目被认定。

值得一提的是，潮式粿品制作技艺和潮式月饼制作技艺已入选广东省级非遗名录，卤鹅制作技艺、老菜脯制作技艺、薄

推动饮食文化「遗产化」

壳米传统制作技艺等也入选了潮汕地区的市级非遗名录。然而，越来越多的饮食类项目列入非遗名录不是非遗保护的终点，而只是起点，饮食类非遗项目通过列入非遗保护名录，主要目的是引起社会各界对饮食类文化遗产的重视，使得越来越多的政府部门、企事业单位和个人广泛地参与到饮食类非遗的保护工作中来。目前对饮食类非遗的保护主要采取三种方法。

其一，用文字、照片、图片、录像、口述等方式记录有关技艺。其中，以文字介绍某种菜点、宴席制作技艺的为多，拍照的也多，也有部分以菜谱、点心谱为主要内容的书籍，但容易流于简单、表面、公式化，抓不住或表现不出技艺之要领。录像是采用多媒体技术记录非遗的一种手段，可以较为全面地将有关信息保存下来，然后进行网上研究（保存、备份、传输、检索、删改、增补均方便）。口述历史是历史研究的一种方式，饮食界也可以学习采用。请老厨师口述菜点制作技艺、独门绝技或濒临失传的技艺，并由专人如实记录下来，讲述愈细愈好，记录愈全愈佳。

其二，加强对饮食类非遗传承人的保护。这种保护，实际上在保护非物质文化遗产中是最重要的。手工技艺长期靠口传心授，"人在艺在，人亡艺绝。"加强对非遗传承人的保护，使其掌握的技艺得以延续至关重要。

其三，加强饮食文化非遗价值展示。各级文化部门、中国烹饪协会、各省市烹饪协会举办的申请非遗饮食烹饪绝技展示活动，建造饮食文化博物馆，如扬州、淮安、杭州、成都等地建立的淮扬菜博物馆、杭州菜博物馆、川菜博物馆，里面陈列的文献、录像资料、饮食器械、炊餐具也或多或少对这几个菜肴流派中的非物质文化遗产有所反映。

饮食类非遗项目都有深厚的历史文化积淀，我们应在深入研究、发掘整理现有文化遗产的基础上，持续保护好这些珍贵的历史遗产，让人们体会到更深厚的文化内涵。保护和传承好饮食文化类非物质文化遗产，才能促进文化和经济的协调发展，让饮食类非遗与社会环境相适应，与现代文明相协调。

第二节　潮州一把刀：方树光

在潮州不管是痴迷于美味的食客，还是三餐只限于果腹的路人，提起"潮州一把刀"，没有人会不知道他是谁：方树光，一位年近七旬的老爷子，他不只是潮州的明星人物，也是全国厨师界的传奇。他是潮州市香得乐酒家厨师长，特级烹调技师，潮州市烹调协会副会长，还是潮州市广播电视台《食为天》栏目嘉宾主持兼顾问，《食为天》俱乐部顾问，潮州市劳动保障局技能鉴定培训中心潮菜评委。

在方树光看来，潮菜是潮州文化重要的组成部分。他一生痴迷于厨艺，在他的勺里不止有味道，还有人生。方树光在十几岁的时候就开始跟随父亲出入厨房，帮忙打杂，学习厨艺，对厨房

极度痴迷。几十年的厨艺生涯，让方树光德艺双修，不但成为潮州菜省级非物质文化遗产传承人，还成了无数年轻厨师的良师益友。

"潮州菜传承上很大的困难在于没有物质形式的保存，不比潮州刺绣、木雕等非物质文化遗产，它们有固化下来的载体，在原来的潮州菜技艺传承中，更多是靠学徒的观摩学习及经验积累。我作为潮州菜的省级非遗传承人，有责任也有义务将潮州菜技艺记录下来，并传承给更多对潮州菜有兴趣的人，所以我自己也必须时刻学习，不能只吃老本。"这位粤菜大师在提及传统潮菜时表示，他将视传承为己任，以传承和发扬潮菜文化为使命。

近10年来，方树光为部队培训了一批军地两用的厨艺人才。培养出来的厨师不仅满足本地需求，而且还为国内外输送专业厨师人才。在弘扬潮菜技术交流方面，潮州电视台开辟《食为天》栏目，除由方树光及同行作为嘉宾主持，介绍潮菜的一些制作方法外，还让一些业余爱好者有了交流厨艺的平台。电视台还举办过厨艺比赛，在潮汕掀起了一股"创新潮菜"高潮。此外，他还经常走出去，和别的粤菜菜系厨师进行厨艺交流，切磋技艺，取长补短。

　　方树光为了弘扬潮菜，同时也将多年来积累的经验进行分享，他不仅在国内烹调杂志上发表多篇文章，而且还自编一部潮菜讲义，受到大众欢迎。方树光准备将讲义整理编写成书，向社会推广，也为发展潮菜尽一点微薄之力。

　　潮州菜形成的原因非常复杂，不仅包括地域的因素，诸如物产、族群构成等因素，也包括历史上迁徙与贸易活动等来的各种文化冲击与交流，如潮州商帮作为历史上的著名商帮，贸易活动范围的广阔，带来烹饪技艺的交流，也是如今潮菜形成不可或缺的因素之一，所以潮州菜能够流传至今，在世界上都有一定的影响力，这与潮汕人自强不息的精神有着非常大的关系。就像方树光这样，永远保持思考和创新才能将潮菜文化发展和传承下去。

第三节　传统潮州美食：明炉竹筒鱼、龙穿虎肚

明炉竹筒鱼

　　明炉竹筒鱼是潮州菜中最传统的菜肴之一，利用最传统的烹饪方式，不仅仅保留了鱼的鲜甜味，还增加了竹子的清香气。此菜鱼肉鲜美可口，青竹味清香扑鼻，但现在却因其复杂的加工程序已渐渐失传。

　　明炉竹筒鱼制作讲究：首先挑选新鲜的鲩鱼，4斤左右，将鲩鱼两身各划一刀使之入味。随后将姜、葱、芫荽拍碎，辣椒切片，加入味精、盐、胡椒粉、酱油、麻油和料酒腌制鱼肉30分钟，猪网油用水泡开。鲩鱼腌制完后将腌制所用原料塞进鱼肚，把猪网油铺开，将鱼均匀包起。再把用猪网油包好的鱼放进竹筒内，然后用铁丝将竹筒扎紧，再用水将竹筒浸湿。最后把封好的竹筒鱼放在明炉上烘烤，并将竹筒不断翻转均匀炊熟，将竹筒鱼均匀炊30—40分钟之后，取出腌制原料即可出炉上桌。

鱼肉鲜美可口，青竹味道清香扑鼻，佐以桔油，酸甜香醇，独具风味。

龙穿虎肚

"龙穿虎肚"是一道濒临失传的古早味潮菜，主要是用鳗鱼和猪大肠做成的，又叫作猪肠灌鳗鱼，因其制作烦琐费时，一般酒楼不用来待客，所以鲜为人知。

"龙穿虎肚"讲究烹饪技巧、做工繁复：第一，将被潮州人称为"乌耳鳗"的白鳝宰杀切段，用酱油略腌后炸熟去骨切碎；第二，将五花腩肉和冬菇、虾米、生姜、南姜、蒜头、葱头、食盐等一起剁成肉臊；第三，将鳗碎和肉臊一起塞进洗净的猪大肠中，扎紧并焖煮至熟；第四，切件摆盘并淋上用原汤和粉水勾兑而成的芡汁。

这道"龙穿虎肚"的用料比较普通，成本不高，售价自然也

独具风味的明炉竹筒鱼

不能过高，但是制作却要花很多功夫，所以很多食肆不愿意做这道菜，慢慢就失传了，而这也正是许多传统潮菜所面临的隐忧。

在传统的潮州菜系中，存在着类似"龙穿虎肚"这样一些被行家称为"手工菜"的精细菜肴，它们曾经是旧时潮州筵席大菜的主体。这类菜肴都有个共同的特点，就是用料普通却做工精细。其用料多数离不开在乡村唾手可得的鸡、鹅、鸭、猪和鱼、虾、蟹、贝，还有菜蔬笋菌等时令食物和咸菜、菜脯等传统杂咸；做工则极其讲究，比如会将整只鸭子或整只乳鸽脱骨，用来填塞八宝饭甚至鱼翅燕窝，总之这类菜肴都很考验厨师的手艺和修养。

因此，饕客们应该感谢像方树光这样的守味人，一直坚持寻找古法菜谱，让现在的人还能够品尝到这些传统美味。

▶ 让传统美味不失传

肆

天然的

酸味

烹饪是一种调和的艺术，不只为了调和自然的食材，更重要的是调出酸甜苦辣咸鲜的不同口味。好的厨师像艺术家，把食物做得像艺术品，每个艺术家的作品都不一样，每个厨师也有自己的风格与思路，细细品尝便会发现独特之处。深圳有一位号称『食材猎人』的粤菜大师，发掘了潮汕菜中天然的酸。

第一节 潮汕的吃酸食俗

潮汕人自古有吃酸的食俗。早在唐朝，韩愈被贬潮州后所做的诗《初南食贻元十八协律》里，便以"调以咸与酸，芼以椒与橙"来描述潮人吃海鲜的场面，其中的"酸"与"橙"皆是凭证。潮汕人烹调出酸味的调味剂都是天然食材，比如酸梅。潮汕人家中常年备着一坛咸酸梅。梅子，潮汕人又称"青竹梅"，每年梅子盛产的四月，潮汕主妇都会买些青竹梅，或用来浸梅酒，或加盐制成咸梅，或加糖制成梅膏酱。

除了酸梅，柠檬和青柠两种水果的酸味和香味也可以为食材增添不少清新的风味，酸酸甜甜的味道总能让人胃口大开。比如枇杷汁捞官燕，不论是枇杷汁还是官燕都很适合女生吃。古时，燕窝是源自东南亚的舶来品，也是皇家贵族享用的贡品。而燕窝中的上品，又被称为"官燕"，常用作女性或体弱者的滋补食品。在《红楼梦》第四十五回中宝钗便有提到冰糖燕窝，"每日早起拿上等燕窝一两，冰糖五钱，用银铫子熬出粥来，若吃惯了，比药还强，最是滋阴补气的。"冰糖炖燕窝

潮汕人有吃酸的食俗

是燕窝最传统，也是最简单的吃法，有的厨师也会用红枣汁、杏汁或是蜂蜜炖燕窝。但单一的甜味，不能让人很好地打开味蕾，也容易让人腻，选用当季的；枇杷汁，并加入带皮的金桔汁，枇杷的酸甜与金桔的甘香能使官燕的口味拥有更多的层次。

追根溯源，人类对酸的认识是源于带酸味的水果，比如梅子，而对甜味的认识也源自野生蜂蜜。总的来说，来自大自然的天然食材是人类烹饪中最古老的调味。食材的滋味让人类分辨出不同的味道，也让人类创造出不同的食物风味。深圳有一位号称"食材猎人"的粤菜大师，20多年的从厨经历，使他擅长从自然中发掘食材本有风味，并在菜式上进行灵感创新。

第二节　食材猎人：郭元峰

　　郭元峰是深圳鹏瑞莱佛士酒店·云璟餐厅的行政总厨，曾于2018—2019年两年携厨师团队为所在餐厅斩获米其林一星和黑珍珠二钻石。郭元峰的成就与他的经历和积累息息相关。郭元峰是一名

🔺
郭元峰的成就与他的经历和积累息息相关

出生在山区的孩子，由于粤北优越的山区环境，父亲是当地的一名"食材猎人"，从小淘气的他跟随父亲在山野中打猎，在探索中尝遍山珍野味。受到这段经历的影响，郭元峰几乎对各种食材了如指掌，并对用于烹饪的食材极尽苛刻。因为爱吃、好动，郭元峰高中时便辍学了，并在母亲的鼓励和提点下——"你这么爱吃，不如去当一个厨师"，18岁的郭元峰放弃了当时安逸的工作，前往广州的利苑粤菜餐馆学习厨艺。从洗盘打杂，到雕花、切配菜，郭元峰深知烹调才是自己的梦想。在别的学徒休息时，郭元峰抓紧时间请教老师傅，慢慢地从一名打杂工成为小厨师。

学得一些真功夫的郭元峰并不满足于粤菜，他前往北京、山西、天津、四川、大连等地，在工作中进行学习，他认为这是一个增长知识的过程，厨房便是自己的大学，自己永远是学徒，永远需要精修。从厨二十余年，郭元峰回归粤菜。他对粤菜的食材、口感、意境和创新始终苦心造诣，力求突破。他认为美食必须"取之

自然，食之自然"，只有原汁原味的食物才是最好吃的。但原味的食材也需要大厨的用心烹调，于是他开启"食物实验"模式，明炉马友鱼和枇杷汁捞官燕是他的代表作，在不断的烹饪尝试中，他发掘出天然的食材调味和食材的最佳烹调方式。

　　郭元峰对粤菜食材、口感、创新的追求很大程度受到童年经历的影响。很多人都以为"食材猎人"只是一个称号，但他从小跟着父亲进入山野打猎，四处找食材，而且每到一个地方都有不一样的收获，对自然的味道也特别感兴趣。直到现在，他仍然坚持食材要"不时不食"，并且好的厨师是能够挖掘出食材独有的味道，以及适合的烹调方式。"不时不食"一直是老广们遵循的自然饮食规律，不是只有高档的食材才能烹调出好味的菜品。郭元峰认为，随着年龄、阅历的增长，内心感受到的东西不同，返璞归真才是自己想要的，烹调也是一样。郭元峰对于食材的极致追求令人敬佩，他特地配备了几十把专门适应不同食材的刀具。成为最棒的粤菜大师，是郭元峰给自己定的职业目标。

郭元峰致力于成为最棒的粤菜大师

第三节 食材调味的艺术：明炉红丁鱼

明炉红丁鱼是郭元峰独出心裁的创新菜式。在潮汕地区，有一道类似的菜式叫明炉乌鱼或叫酸梅乌鱼。乌鱼是当地人最常使用的鱼种，而郭元峰特意选择红丁鱼。

红丁鱼属于深海鱼，选用新鲜上岸的深海鱼会将这道菜的鲜味达到极致。其实这道菜除了酸味非常突出，鲜味和香味也是这道菜风味的组成部分。在许多人印象中，潮汕菜制作鱼通常的做法是清蒸，或是直接制成鱼饭，味道偏咸，很少能吃到酸鲜风味的鱼。郭元峰的明炉红丁鱼可谓是大胆创新之作。他巧妙采用咸柠檬、咸酸梅入味，后用青柠檬和柠檬提酸，风味独特，可谓是醒神开胃的绝佳体验。

在中国源远流长的饮食文化中，始终秉承着一个亘古不变的理念——"和"，它体现了中国饮食兼容并蓄的思想，也流露出中国人长期以来所信奉的处事原则。老广们始终奉行这一原则，不断追求粤菜之味的最高境界。直到今天，讲究好味的广东人，对味道的探索从未停歇，厨师们在日复一日的坚守与创新中，不断调和着这杂陈"六味"所给予美食与生活的魅力。

▼ 追求粤菜之味的最高境界

伍

「打冷」潮式夜宵

潮汕地处沿海，人们从前多在海上讨生活，早出晚归。渔民深夜上岸，一碗热气腾腾的白粥就是对一天辛劳最好的犒赏。这也是潮式宵夜的源起。

第一节 扁担挑起潮州人的天下

潮汕人宵夜喜食粥，潮汕粥是潮汕地区的著名传统小吃。在潮汕方言中把粥称作"糜"，关于"糜"这个字在中国很多古籍中都有相关记录，例如在《尔雅·释言》一书中对糜字的解释为："粥，糜也。"

中国人喝粥的历史由来已久。古文献上有"黄帝蒸谷为饭，烹谷为粥"[①]的记载，《说文解字》中也有"黄帝初教作糜"之说，《通鉴前篇·外纪》还记载，"黄帝作釜灶，而民始粥"。

粥的食疗功效也早已被发现，达官贵人食粥以调和胃口、延年养生。有关粥的文字记载散见于各个朝代的医药膳食、文学历史典籍中，较为著名的专著就有20多部。宋代陈直的《寿亲养老新书》，所列粥方40余种，成为后世粥谱之范本。明代高濂《饮馔服食笺》收录粥品近40种；李时珍在《本草纲目》中介绍的粥品有50多种；清代黄云鹄所著《粥谱》一书中共载粥谱247个。

▶ 生腌海鲜

---

① 曾纵野. 中国饮馔史：第一卷[M]. 北京：中国商业出版社，1988：82.

潮汕地区夏长冬短，天气炎热潮湿，常使人热不思饮食，所以潮汕人皆好品粥。每天清晨，潮汕人家里最重要的事就是熬上一大锅白粥作早餐，以供全家人一起食用。潮汕人不论是富甲商人还是平民百姓，都爱好以糜作为主食，以食糜为乐。他们把早餐的糜称为早糜，称宵夜时间的糜为夜糜。

潮汕人食糜的历史源远流长，而潮汕地区的糜与其他地区的粥最大的不同在于糜用米较多，本身比较黏稠，不像其他地方的粥那样水多米少。

潮汕地区的糜经常辅以腌菜一起食用，有甜口和咸口，有荤菜也有素菜，种类多达上百种。这些腌菜在潮汕地区被统称为"杂咸"。

潮汕人擅腌制。生腌海鲜是外地人比较熟悉的潮汕烹饪手法。潮汕生腌海鲜有"毒药"之美誉，这个称呼略显夸张，但是也准确描绘出了食客们爱其美味，导致无法自拔，犹如中毒的状态。生腌种类多样：腌血蚶、腌膏蟹、腌濑尿虾、腌生蚝等，都是潮汕老饕们的至爱，此外还有许多海鲜可以通过佐料配合，达到更鲜甜的原味口感。

海鲜之外，潮汕的腌制农产品也堪称独步天下。潮汕地区人多地少，粮食供应不足，只能精耕细作，提高粮食产量，向来有"种田如绣花"的传统美誉。因为食材不足，所以要物尽其用，被削掉的瓜果皮、蔬菜经过精心腌制后，成了潮汕人"下糜"的小食。潮汕的腌制品数不胜数，变化起来有数百项之多。头牌腌制品有菜脯和酸菜，光是菜脯一项，又可以用不同工艺制作出菜脯粒、菜脯条、菜脯蛋等。菜脯经研磨成菜脯末后，可以添加在各种菜肴当中，是潮菜的灵魂配料之一。这些腌制的食物，最终组成了潮汕庞大的"杂咸"群体。

潮剧大师张华云曾写过一首题为《杂咸》的小诗："腌制杂咸五味全，虫鱼果菜四时鲜。稀糜小菜闲花草，忸忸怩怩上酒筵。"杂咸与潮汕白粥相搭配，便是潮汕人眼中最完美的组合。

非遗潮菜、潮汕打冷

第二节　打冷守味人：吴镇城

　　汕头可谓是深夜觅食者的天堂，烧烤、夜粥、粿条面、肠粉……街头巷尾都充斥着诱人香气和人间烟火。而在这一路丰盛，堪称壮阔的汕头宵夜中，最气派的当属富苑饮食。这里是汕头以吃夜粥著名的宵夜摊，被食客们称为"超级豪华的夜宵"，光各种就粥的杂咸就有数百种之多，一路铺开的生腌海鲜就有几十盆，更不用说各种卤味。第一次来的外地客人，无一不被这架势震撼住。

　　富苑创始人吴镇城，今年42岁，2000年创办"富苑夜糜"，经营夜糜档近20年，把一个曾经60平方米的小店变成如今2000多平方米的夜糜档。和大多数潮汕餐饮店的老板一样，吴镇城做餐饮纯是兴趣使然，无师自通，自成一派。

　　由于祖辈从事餐饮，吴振城从小就对餐饮行业产生了浓厚的兴趣。长大后，他传承了爷爷做隆江猪脚的手艺，凭独门秘方的隆江猪脚起家，一卤就是40年，一碟小火慢烧而成的隆江猪脚，色泽红润油亮，肥而不腻，饱含胶质，如今已成为了富苑必吃的招牌之一。除了隆江猪脚为代表的卤味之外，富苑饮食还有400余道其他菜品，上至高端海鲜龙虾、响螺，下至普通的鱼饭冻虾，应有尽有，丰俭由人。

打冷守味人：吴镇城

⬥ 当日食，当日吃

"打冷是我们潮汕的宵夜文化，'当日食，当日吃'，这是我们潮汕的谚语，就是抓回来马上吃。所以我们打冷的食材一定要新鲜，生腌的东西，比如螃蟹、膏蟹、血蚶，一般都是乘渔船抓回来进行腌制。"吴镇城对于食材的新鲜有着极高的要求。"我有自己的渔船，还会自己去菜市场，一条条鱼，一只只螃蟹翻回来，都由我把关。"他表示富苑采用的是全然古老的民间烹饪手段，不太讲究复杂度，却讲求一个"鲜"字。每天凌晨三点，吴镇城就会和渔船一同出海，捕获最新鲜的食材，打鱼回来还需要去市场补充食材。400余道传统潮菜，大到食材的采购、加工，小到瓶瓶罐罐的酱料味碟，吴镇城都会一一把关，工作量之大，每天都需要工作十五个小时，十数年如一日，实属难能可贵。

富苑的菜品就像是潮汕味道的一本百科全书，超豪华阵容的食材陈列足以惊艳来客。富苑几乎汇集了潮汕打冷的所有品种，还有一些在一般店很难见到的传统潮式食物，说富苑是潮汕饮食文化的集大成者也不为过。

"我们店之前也已经入选了非遗潮菜，我也希望能实现我爷爷的心愿，培养更多的打冷和卤猪脚的传承人。"吴镇城为了继续传承和发扬打冷文化，不仅开始收徒弟进行定向培训，也定期参加非遗活动，希望可以培养更多的人才，让潮菜走出去。

第三节　潮汕打冷的时鲜海味

生腌蟹

　　生腌里的王者毋庸置疑是醉蟹，其中又以牛田洋盛产的青膏蟹为至尊。膏肥肉厚的青膏蟹是上上品，夜糜摊里最常见的还是平价亲民的梭子蟹。高浓度的白酒慢慢上了头，晕了眼，再生猛的蟹也只得上桌任人鱼肉了。

　　把洗净的螃蟹送进冰箱冷柜里，急冻数小时，能在杀死寄生虫的同时，让蟹肉蟹膏更加紧致鲜甜。

　　冰镇生腌后的蟹肉晶莹剔透，膏体鲜红肥腴且略带嚼劲，冰稍稍融化，入口时还会有一点冰沙感，清凉细嫩，这是潮汕特色的"冰淇淋"。

　　八刀十三块，手起刀落，对腌蟹的"解剖"可见师傅的功力。要保证雨露均沾，每一块蟹肉上都带着橙红透亮似果冻的蟹膏。

▼
食材讲求一个『鲜』字

潮汕人制作生腌，讲究鲜而不腥，嫩而不生

蟹壳破裂的瞬间，晶莹剔透的蟹肉滑出，酱油、白醋、香油、蒜末、辣椒的多重风味在入口的瞬间涌现，融合着蟹黄的鲜甜和滑嫩，这就是潮汕的"毒药"。

隆江猪脚饭

隆江猪脚饭是潮汕地区著名的特色传统小吃，得名于原产地——惠来县隆江镇。其鲜美的味道和弹嫩糯香的口感加以本镇特色米饭组合成了隆江猪脚饭，肥而不腻，入口香爽，深受广东人民的喜爱。

其实，广越味隆江猪脚饭深受人们的欢迎并不只是因为其独特的卤香和弹嫩糯香的口感，更在于其秘制的健康养生中药材卤料配方（卤料中含有香叶、八角、桂皮、陈皮等有益于健康养生的上等中药材），猪脚放在这些中药材的卤水中熬煮，不但味道香醇，更有利于人们的健康养生。

根据猪脚的不同特点，正宗的隆江猪脚饭师傅会把猪脚切成四段，分别叫头圈、回轮、四点、蹄尾，然后分段销售。头圈相对比较肥腻，第二段回轮筋骨比较多，四点肥瘦比例最佳，蹄尾最受欢迎，因为肌腱、韧带和结缔组织最全。

陆

不断创新的

新式粤菜

『堂烹』，也叫『堂做菜』，近年来越来越受到追求品味的食客们欢迎。这种镬气在眼前渐次升腾的情景，能让主客双方都无比放松。『堂做菜』不仅最大程度上保留了食物的原味，更增添了菜肴的精致与个性，将单一的美味体验，升华成全方位满足五官六感的行为艺术。

第一节 美食不应受羁绊

社会发展进入20世纪以来，随着人们经济条件和生活质量的不断提高，在现代饮食潮流和现代人生活水平不断提高的激荡之下，粤菜饮食文化得到了前所未有的大发展，其发展之路就是在保持传统特色基础上不断寻求创新，不断推出新品种新菜肴。

创新菜品的路径和手法很多，众餐饮企业各出奇谋，引领时尚，而创新的主要标志包括：一、原材料的运用和变革；二、新的烹制手段的使用；三、饮食器皿的变化和更新换代；四、与时俱进的个性化服务。其中，以味与器的结合为主的创新给了粤菜更加广阔的空间。

原料的运用和变革是美食创新的关键。由于生产力的提高和科技的发展，南北地域饮食文化的交融，中国烹饪界与世界的不断接轨，一大批新的烹饪原料源源不断地涌进了饮食市场。如美国牛仔肉、龙蛇、澳洲鲍鱼、东南亚时鲜瓜果、日

不断创新的粤菜

本豆腐、一些基因或转基因原料等，新的烹饪原料经过厨师的了解和熟悉后，借鉴传统的烹饪技法，创制出新的菜品，如"金银蟹柳""鲜百合肾球""上汤姬菇""玉兰象拔蚌""夏果炒鸡丁"等。

应用新的调味原料和调味手段也是推动粤菜创新的重要环节。随着一大批新的调味酱汁涌入中国餐饮市场，如较常见的京都汁、黑椒汁、橄榄油、XO酱、怪味酱、沙律酱、南洋汁、鸡精等，烹饪界通过应用新的调味品，变出新菜品，百菜百味，给消费者带来了新的享受。

创新菜式的又一手段便是烹饪手段的吸收和迭代。粤菜素来有着博采众长的菜系特征，它形成于秦汉时期，以本地的饮食文化为基础，吸收国内京、鲁、苏、川等菜系的精华和西餐的烹饪技术，博采南北风味，融合中外风格，如粤菜中的泡、扒、焯就是从北方菜的爆、扒、氽中移植过来的，煎、炸、烤、串烧等是从西餐中借鉴过来的，逐渐形成独特的南国风味。此外，随着科学技术的发展，出现了不少现代化的烹饪炊具，使烹饪界能够在传统技法的基础上开创新的烹饪方法，研制出新的菜品。如利用电磁炉、微波炉烹制出"原焗乳鸽"等微波炉菜品；利用铁板创制出"铁板生蚝"等铁板菜系列。铁板不仅是炊具，还是盛器，使菜肴上席时由静态变为动态，别具情趣。西菜中烹，洋为中用，已成为粤式创新菜的又一特征。

许多创新粤菜还应用了新的盛器。有些菜以象形器皿、木雕小船或瓜果为盛具，令人耳目一新，有用竹筒盛装菜品，更是风姿多彩，例如"菠萝海鲜船""哈密瓜鲜虾仁""太极双味奶""竹筒八珍""桑拿明虾""炭烧蚝"等。色、香、味、型、器、光的综合运用为不同食品营造了不同的展示氛围，实现了包装的创新。

在服务理念的创新上从"消费者是上帝"到"消费者是朋友"，消弭了距离感，强化了亲和意识的同时，从服务方面强调中餐的餐间文化，这些举措并非华而不实，而是从根本上满足食客高品位就餐的需要。

在经营规模上，粤菜企业也正由单一小店经营转化为航母式的连锁经营，经营面积往往超过一万平方米，并开始出现餐饮集团化公司；粤菜经营企业也由经验管理逐步转向专业管理，形成了巨大的管理优势，推动了粤菜标准化程度的提高，标准化又推进了出品质量的稳步提高。目前粤菜的创新方面正形成标准化、档案化的格局，这一切为粤菜出品进一步贴近市场、全面创新奠定了坚实的基础。

市场瞬息万变，食客需求日益增长。在这一创新过程中，粤菜大师们需要坚持获取市场信息反馈，抱着开放的意识和胸襟，以丰富的传统饮食文化知识，研制适应市场需求的菜品。在粤菜大师们推陈出新的过程中，粤菜风味将得到进一步发展，粤菜文化内涵也将得到深化，使粤菜更有动力与生机。

第二节　守护初心：江本华

佳宁娜酒楼首家门店创立于1982年中国香港湾仔。深圳店则是在1988年引入内地，至今扎根深圳已有32年的历史。凭借舒适高雅的用餐环境，宾至如归的服务以及令人回味的潮菜美食，佳

宁娜随即成为深圳知名高档潮菜酒楼代表品牌，也引领了深圳地区乃至全国潮菜酒楼的迅速发展。集团餐饮业务董事总经理江本华认为，佳宁娜在为大众宾客提供经典美馔的同时，也背负着将源远流长、驰名中外的潮汕菜继续发扬传承的责任。

江本华是地道的潮汕人，11岁便跟着父亲去了香港，13岁开始跟着舅舅进入餐饮行业，如今从事厨师行业已有41年。说起做餐饮，江本华总带着一份饱满的热忱："我自己很喜欢吃东西，因为以前比较穷，做了餐饮就有住有吃，所以很开心的。"开心并没有抵消艰苦，最初从厨的几年，江本华每天都需要洗碗拖地，洗好几百条鱿鱼，然后再炒最基本的菜式，还要炒两百多斤河粉，后厨没有空调，只有通风箱，每天累到手都抬不起来。但是这些辛苦，他都咬牙坚持了下来，并在炒菜的过程中寻找到了人生乐趣。

江本华一直将传承传统潮菜为己任，却不满足于只烹饪传统菜品。现代都市的快节奏生活，让很多人的口味满足寄托于外出就餐，他们对于晚餐的要求，早已超出了初级的饱腹欲望。江本华深刻感受到食客的需求在发生着变化："在深圳，我做了28年，看到深圳在不断发展，1996年最高的建筑是地王大厦，现在超过它的已经有几百栋了，时代在变，需求也在变，如何让现在的客人认同你？只能不断地进行改良，不断地创新。"

◀ 江本华坚持做到老学到老

江本华视传承传统潮菜为己任

因此，在他的带领下，佳宁娜的研发部门会定期创新推出一些菜品，既有旧菜新做，也有中菜西做，在试验的过程中，传统的潮汕风味与全新的餐饮元素不断碰撞出新的火花。众多创新菜色中，最值得一提的便是牛油芝士堂煎鲍鱼。江本华在介绍这道菜时，分析道："以前追求吃饱，现在在满足口味的同时还有许多新的追求。比如很多客人喜欢参与感，在煎鲍鱼的过程中，他坐在那边看，得到了精彩的视觉体验，而食物在油煎过程中产生的香味，会进一步刺激客人的食欲，所以他们会经常过来点这一道菜。"堂煎鲍鱼，整个制作过程尽收眼底，令食客们视觉、嗅觉、味觉得到了全方位的满足。

江本华为了不被传统的技艺和经验束缚，坚持"做到老学到老，不断提升自己"。逛菜场、看食材是他的日常，除此之外，他还经常去书店看食材相关的书籍以寻求灵感，怀旧的菜要去潮汕那边的书店，新菜则要去香港的书店找。江本华认为看到原材料很能启发自己，所以对螃蟹海螺这些食材有严格的挑选标准。为了寻找最好的食材，他还会定期带队伍去潮汕，不断尝试新的可能。

"我们中华文化几千年，传统的也不断在改良，我们也不断在研究新的产品。"在这位粤菜大师身上，我们看到了不懈传承的匠人坚守，也看到了敢为人先的粤菜精神，传统菜式，在懂得思辨的粤菜大师手中，变换着香料配方，不动声色地引领食客的口味变化，这大约就是粤菜能够永葆活力的最大动因。

第三节　不可名状的堂煎美食

堂煎鲍鱼

　　鲍鱼，是中国经典国宴菜之一，被人们称为"海珍之冠"，也被称为"餐桌黄金"，位居四大海味之首。其营养价值极为丰富，含有20种氨基酸和丰富的蛋白质，还有较大比重的钙、铁、碘、锌、磷等多种微量元素，以及维生素等。煎煮的烹饪方式既能最大程度上保持其营养成分不流失，也能保证鲜香的口味和爽滑的口感。

　　牛油芝士堂煎鲍鱼是使用了西式的烹饪手法来制作中式菜色。堂煎讲究三分技术，七分火候，师傅炒的时候溢出的香气会填满整个房间，让食客们还没吃的时候已经非常期待了。除了火候以外，堂煎对于鲍鱼的新鲜度要求很高，需要将新鲜的鲍鱼切片，以保证煎煮时受热均匀，嫩度一致。

改变让粤菜永葆活力

菊花石榴带子

石榴球原本在潮汕菜中就颇有名堂，属于工夫菜。

首先需要备好鸭蛋、木耳、胡萝卜、莴笋、扇贝肉、香芹、四季豆等食材。

将鸭蛋打碎只留蛋白，随后用煎锅将其煎成蛋白饼，煎完放置一旁，待冷却再配以其他的菜。

随后将新鲜带子、豆角、胡萝卜等切为细粒，待油热下锅翻炒，期间可加入米酒增加香味，放入盐、糖调味。出锅盛起来后放至冷却。

将菜粒用蛋白皮包裹成口袋状，用芹菜扎起封口，包好后放入蒸屉中蒸熟。

堂煎美食是粤菜的创新

第三篇

客家菜：他乡是故乡

引言 >> 客家菜的岁月之味

　　客家族群作为汉族的一个支系，是赣闽粤边区一个特殊的族群，他们以中原文化为族群的正统文化，从语言、服饰、饮食习惯等都在试图寻找中原文化的特征，而自清中期以来，客家族群的族群意识就逐渐崛起，同时也在不断地建构着自身的族群文化。近年来客家饮食成为一种新的"时尚"被大众所追求，客家饮食文化发展同样也是客家族群文化发展的一个缩影，从中可以看到客家文化的变化发展。

　　唯唯客家，系出中原，纵观中国客家的形成过程，一共出现了五次意义重大的迁徙活动。其一是从西晋末开始迁徙，中原地区的人们南迁到中原周边，也有一部分迁徙到赣江流域等地。其二是中原百姓跟随帝都迁移，此时粤东北一带开始出现客家人，这也是广东客家的开端。其三是从南宋末至元朝以后，此时数量庞大的客民又迁到广东，广东梅州逐渐聚集大批客家百姓，"世界客都"初见雏形。其四在明末清初，广东梅州等地的客家人逐渐流向粤中、粤西等地，广东客家渐渐形成。其五在清朝末期，由于战争内乱客家人又为此进行迁徙。历经五次大迁徙之后，广东客家人的分布基本定型。①

　　广东客家人在历次的迁徙过程后，依旧秉承着中原古朴的民风，在烹饪上更是留旧纳新，既有广东之风，又有中原之韵。客家菜系逐渐趋于完善，从而形成极

---

　　① 王晓敏，黄珍金，徐长友. 广东客家菜探究与传承[J]. 南宁职业技术学院学报，2018（4）：14–17.

具客家特色的烹饪体系。形成几大特点：

客家菜烹制技法众多，精妙而独特。客家人烹制菜肴既继承了中原传统的烹饪技法，又吸收了南方土著古老的技法精华，还随时代的发展进行不断的创新。按热源及不同的传热介质进行烹制，客家菜除了其他菜系常用的水烹、油烹、汽烹、火烹外，客家人还精于古老的石烹（如砂炒烫皮、瓜子、栗子等）、竹烹（如竹筒饭、竹筒豆、竹筒排骨、竹筒杂烩等），并首创了盐烹（传统的东江盐火焗鸡即将鸡埋在烧热的盐中使之焖烙而熟）。赣闽粤山区不宜种麦子磨面粉，客家人就在豆腐里面塞入肉馅做成酿豆腐，形似饺子，这便是北方人吃饺子习俗的一种传承和创新。

据初步统计，烹制客家菜经常使用的方法有四五十种，而且烹调方法的精妙，也令人叹为奇观，如爆炒，火焰熊熊，风声呼呼，瓢勺叮当，厨师手臂高扬低回，翻簸颠甩，行云流水般一两分钟一道菜就出了锅。[1]用演杂技、变魔术来形容爆炒技法一点也不过分。客家菜的精烹还表现在制作一道菜时，往往是多种方法组合使用，如烧制客家名菜梅菜扣肉，就要使用氽、煮、炸、煎、蒸、炖等多种方法，使猪肉和咸菜干的味道相互渗透，才产生出肥而不腻、荤素和谐、味重醇厚的绝妙效果。

此外，客家人在食材的选择上也有着"靠山吃山"的显著特点，食材博杂，取之自然。

广东客家地区多处丛林之上，山区之中。山居环境使得客家人在食材的选择上既不像平原地带那样"饭稻羹鱼"，也不似沿海地区那般嗜食水产，原料的局限没有阻止智慧的客家人在吃法上进行创新和发明。对于客家人来说，山中山珍、河中河鲜、家中禽畜、地上蔬果等都是珍贵的食材。所谓山珍，客家人所用的有河鲜，客家地区河中的各种鱼虾均是美味佳肴；家禽，最为常见的是客家人的"三鸟"

鸡、鸭、鹅[①]；而蔬果的种类更是多不胜数，不仅各种萝卜干、咸菜等，所有植物的根、茎、花、叶，只要可食，甚至常人望而生畏的蝎子、蛇、老鼠等动物都被客家人纳入菜单之中。

客家人所用的烹饪原料数量多、范围广，上至上流社会享用的玉盘珍馐，下至普通百姓果腹的粗食杂粮，都可以登上客家人的餐桌，堪称"不问鸟兽虫蛇，无不食之""物无不堪啖"。客家名菜有赣南的小炒鱼、酿豆腐，粤东的东江盐焗鸡、梅菜扣肉，闽西的涮九品、香菇焖猪肉等等，从菜品种类足见客家菜烹饪原料的丰富。

在口味方面，客家菜以咸辣醇厚见长，清淡味重兼具区别于其他粤菜支系。客家菜的特色，普遍认为是咸、肥、香。民间有"食在客家，咸是一绝"一说。《客家风华》则概括为6个字：咸，烧（趁热吃），肥（油重），香（多煎、炒、烧、焗、炆，甚少清蒸），熟（多熟食，甚少凉拌菜；不论肉蔬都要熟透，忌半生不熟），陈（喜干腌菜与肉，年节往往提前宰杀禽畜，或卤或腌或晒，以陈料待客）。客家菜嗜辣也颠覆许多人关于"广东人不吃辣"的认知。客家菜起源于赣闽粤三省交界山区，与湘菜、川菜一样都重辣味。形成这些特点，与客家人多聚居山区，地湿雾重，劳动量大等环境、生活条件有关。

客家菜的味型浓淡分明、味型多样，浓、重、醇、厚兼清鲜，一菜一格，百菜百味，这是中国乃至世界饮食文化不断交流，不断丰富、发展的结果，各种菜系出现了融合现象。如今赣南、粤北客家菜多为较重的辣味，闽西客家菜辣味相对较轻，而粤东客家菜辣味更轻，甚至有不少客家人不吃辣，这是同一菜系在不同地域发展的差异。就客家菜形成地域的整体而言，其传统风味并没有发生根本性的改变。

千百年来，客家人四处迁徙，居无定所，而客家菜作为客家精神的重要载

---

① 王迎全. 秦菜的由来与发展[J]. 烹调知识，2004（2）：25.

体，见证了客家这一民系的漂泊历程和精神变化。学者在探寻客家饮食文化背后所蕴含的深层文化意味时会发现：来自父辈的祖根意识是客家人融在血液里的一种心结，对移居地文化的本土认同却是现实生存的需要，这看似背离的文化心态却和谐地共存于客家人的精神世界之中，它们成为客家社会共同的最为鲜明的心理特征。[①]在某种意义上可以说客家的饮食文化以祖根意识为内涵，而祖根意识又融进本土认同之中，二者和谐地共存于客家饮食文化中。

客家人在迁徙中善于将当地食材引为己用，而这种引用又总是根据食物的相似性来纪念中原食物，让自己的思乡之情得到寄托。客家菜中著名的酿豆腐、烧卖、擂茶等，都是客家人运用当地的食材，利用故乡的制作方法或成型要求制成的。而对于亲人，客家人通过举办和参与"祖先崇拜"的系列活动，来强调子孙与其祖先的血缘关系。客家人重视祭祀活动，不仅加深了客家人的亲情，而且使客家宗族内部的成员自觉维系和发扬家族感情和风气。

客家人在南迁的过程中，同样也形成了团结互助的社会风气。同时，客家人之间常有互赠食物的习俗，以此来增强彼此之间的感情，如"立夏出腌肉藏糟，燕聚家人，有用以馈遗亲故者"；"人日以七种生菜为羹，互相饷遗"；"二十四日为小年，祭灶神，荐以糖衣，除夕，烧蜡树叶，日送蜡。以槐花染糯米为滋，相馈遗"等等，都是客家人通过饮食文化活动来展现客家族群文化习俗的体现。《赣州府志》也有这样的记载，如"亲始死，水浆不入口，三日不举火，故邻里为之糜粥以饮之"。

食材取之于山野，烹之于征途，客家人坚韧耐劳，勇于冒险，吃法留旧纳新，取广东之风，存中原之韵，客家人不忘传承，勤于创新。一粟一蔬一羹汤，道尽了客家人的饮食哲学。

① 肖莹. 客家饮食的文化内涵[J]. 文化艺术研究，2007（7）：130.

壹

酿：客家不忘之味

走进客家人的家庭或客家菜馆，便可发现琳琅满目的各色客家菜肴中经常会出现一些「酿菜」，如酿豆腐、酿春（鸡蛋）、酿苦瓜、酿茄子、酿辣椒等等，这些都是客家人食之不倦的餐桌美食，也是客家菜中具有代表性的一类菜肴做法。

第一节　历史悠久的客家酿

　　酿菜是客家人独有的烹调方式，是一种把原料夹进、塞进、涂上、包进另一种或几种食材里，然后加热成菜的方式。

　　关于酿菜的由来，历史上最早有记载的是酿豆腐。据著名人类学学者张应斌考证，酿豆腐出现的时间约为客家人在梅州立足以后的明代。[①]但对于酿豆腐产生的原因则有各种不同的观点，其中广为流传的一种说法，是因为华夏人在中原的时候有包饺子的习惯，迁居南方没麦子做饺子皮，因此客家人便想出酿豆腐的吃法，以延续包饺子的传统。

　　酿这一烹饪方式，古已有之。《礼记·内则》："鹑羹、鸡羹、鴽，酿之蓼。"郑玄注："酿，谓切杂之也。"孔颖达疏："酿谓切杂和之。"可谓是酿法的先声。

▶酿是客家独有的烹调方式

---

　　① 张应斌. 从酿豆腐的起源看客家文化的根据[J]. 嘉应学院学报，2010：10.

北魏《齐民要术》卷九记载了"酿炙白鱼法":"白鱼长二尺,净治,勿破腹。洗之竟,破背,以盐之。取肥子鸭一头,洗治,去骨,细剉;酢一升,瓜菹五合,鱼酱汁三合,姜、橘各一合,葱二合,豉汁一合,和,炙之令熟。合取从背、入著腹中,串之如常炙鱼法,微火炙半熟,复以少苦酒、杂鱼酱、豉汁,更刷鱼上,便成。"即将调制好的肥子鸭馅放入鱼腹中再进行加工。"酿炙白鱼,实为后世'鲫鱼怀胎''龙蚌怀珠'等著名酿菜的先河。"[1]

元明之际的饮食专书《易牙遗意》中记载的"酿肚子"也是典型的酿菜,具体做法是:"用猪肚子一个,洗净,酿入石莲肉。洗擦苦皮,十分净白,糯米淘净,与莲肉对半,实装肚子内。用线扎紧煮熟,压实,候冷切片。"[2]

客家人传承了中原的烹调技术,根据特定地理、物产环境,通过不断改良创新,创造出具有浓郁地域特色的菜肴,形成独特的饮食习俗,酿豆腐便是客家人结合中原传统技术和迁徙地特定的物产创制而成的。

客家人习惯就地取材,这造就了酿菜的多样化,"无菜不酿,无菜不可入酿"便是最好的形容。就酿的容器来说,可以是炸制金黄的油豆腐,也可以是新鲜的大辣椒,可以是清甜的黄瓜,也可以是微苦的苦瓜,还可以是田螺、柚子皮等等,只要是找得到切入口的食材基本都可以拿来做酿菜。就酿的馅料来说,食材和搭配也很丰富多样,有猪肉菜头馅、牛肉冬笋馅、螺肉紫苏馅等。按照个人的口味和喜好,基本可以随意调制。

如今,"酿"更多是客家人餐桌上对幸福和富足的一种含蓄表达,每到节日,一道道美味的酿菜是必不可少的佳肴,"无酿不成席"。

---

[1] 何本方,李树权,胡晓昆. 中国古代生活辞典[M]. 沈阳:沈阳出版社,2003:771.

[2] 许嘉璐. 中国古代礼俗辞典[M]. 北京:中国友谊出版公司,1991:96.

第二节　内外兼备的家族大嫂：香姨

　　梅州，客家之都，这里有一座承德楼，已有135年的历史，是梅州现存最完好的客家围龙屋。建屋人梁氏炯昌公，是广东嘉应州（梅州旧称）三角安定壹折桂窝人氏。承德楼于1885年奠基至1896年完工，历时十年，占地面积3780平方米，双层土木跑马楼结构，三堂二横一围龙，八厅八井十八堂，楼上楼下共有83间房间。在这座围龙屋里藏着一家梅州最正宗的传统客家餐馆"星园酒家"。这里不仅有客家菜的美味，还有一段客家人的故事。

▼ 内外兼备的家族大嫂：香姨

　　20世纪70年代，年仅18岁的邓琼香嫁给了承德楼第四代传承人梁光辉，成了梁氏围龙屋内的家族大嫂。随着家族衰颓，为了守住老宅，更为了生活，夫妻二人临街开了一家小食铺做客家小吃维持生计。虽然食铺不大，但是梁家人却将客家的小吃做出了名。最纯正的客家味道，让梁家的小食铺生意红火，大受食客们的欢迎。经历了风风雨雨过后，原来的小本生意越做越大，梁叔和香姨决定将承德楼改造成一个酒家，继续将客家味道延续下去，并取名为"星园"，开启了承德楼的美食之路。

　　"星星出来，工作到星星落，所以我们叫星园。"香姨如此解释星园名字的来由。

　　"真的很不容易。以前生活条件不好，作为家族大嫂，为了养家糊口，守住老宅，不管多辛苦也要埋头苦干。饭店刚开业时，我里里外外都要管，在厨房炒完菜，马上脱下围裙，干干净净地去招呼客人。买菜也很不方便，要一大早就骑车去市场采购。"香姨如今笑着回忆那段忙得脚不沾地的奋斗时光，如果不是见过早已退休的她坚持在厨房忙前忙后的身影，这位优雅的客家妇女明朗的笑容根本无法让人联想到她曾历经的千辛万苦。"这栋宅子代表的不仅是我们家的祖业，更是一份客家味道的守味

　　△ 香姨入得厅堂，下得厨房

与传承，我尽我的全力守住了它。现在儿子接手了，我也放心了。"

在儿子梁兴华的童年印象中，母亲是客家妇女"入得厅堂，下得厨房"的典型代表——在堂前接待客人得体有礼，转身进入后厨做饭手脚麻利，顾前顾后，十分辛劳。由于从小在做餐饮的环境长大，深知餐饮行业的辛苦，梁兴华一开始对接手承德楼有些抗拒，但是看到早已退休的母亲每天坚持巡楼，客家人的根源意识和宗族观念开始苏醒，他意识到："这是一个家庭观念，这个店是父母辛苦一辈子的心血，有深厚的感情，我一定要让承德楼一代一代传下去。"

儿子梁兴华成为新一代掌门人，新的时代总会诞生新的想法，香姨希望儿子在创新的同时，背负家族重任将传统味道和这座承德楼传承下去，因为这座围龙屋里不单只有客家菜的味道，它还蕴涵着客家人在梅州的历史和精神。

第三节　客家酿三宝

　　酿三宝可谓是陪伴着客家人成长、逢年过节必不可少的一道菜肴。酿三宝由酿青椒、酿茄子、酿苦瓜组成，有油煎、清蒸、勾芡等做法，不管哪种做法都十分鲜香嫩软，香而不腻，口感独特。这道菜作为客家酿菜中的代表性菜肴，在广东、香港、澳门等地区非常受欢迎。

　　"酿代表了储存的愿望，有吃有藏，什么都留给以后的子孙。而且酿在客家话里和让同音，指退让，我们什么都不愿意争，客家人是这样的，情谊是最重的。"这是香姨从先辈们了解的关于"酿"的意涵。

　　酿三宝对于客家人来说是一个好彩头——豆腐大富大贵，青椒像船承载远行游子的美好祝愿，而苦瓜意味着团团圆圆。富贵、团圆、思乡，酿三宝的每个细节都散发着客家人重感情、重家庭的族群特征。

⬛ 酿三宝是客家人逢年过节必不可少的菜肴

酿三宝体现了客家人的族群特征

煎酿三宝是客家人餐桌的常客，做法十分简单。首先将鱼肉、猪肉切片，剁成肉酱，随后加小量盐、油，加备好的生粉、鸡粉、葱，继续剁均匀，剁完后在砧板上摔打几下。将买回来的辣椒、苦瓜、茄子洗干净，辣椒、苦瓜去除里面的籽，然后把三个切开，其中辣椒对半切、苦瓜切成圆柱状、茄子斜着切，并在中间开一刀方便酿馅。接下来的步骤就是把肉均匀地酿在三个蔬菜里，基本饱和即可。完成酿的步骤，便可以下锅煎煮了，煎煮五分钟后下蚝油、酱油、糖、盐到锅里，加半杯开水，文火煎煮20分钟，入味了，煎酿三宝就基本完成了。

千年客情，

娘酒

飘香

在梅州的山村里，有一个
流传千年的传统习俗。每当有浓
烟飘起，大家就知道这家人正在
做娘酒。娘酒是客家女性酿制的
特色酒，可以融入菜肴中，比如
客家妇女生育后的第一餐就是娘
酒鸡，往往要吃足一个月以滋补
复原。客家女人的勤勉刻苦是出
了名的，一道精心制作的娘酒
鸡，是对她们的抚慰和尊重。

第一节　娘酒里的客家情

在客家地区，酒的种类众多，有米酒、糯米酒、荔枝酒、梅子酒、蛇药酒、人参酒等等。而糯米酒往往由家中的妇女担任制作，因而称为"娘酒"。客家娘酒是我国最古老的酒种之一，已有两千多年的历史。客家娘酒也是我们熟知的老酒、黄酒，主要以糯米酿制。据地方志记载，嘉应就是现在的梅州，早在宋代苏辙就有"老酒仍烦为开瓮"的诗句，可见客家娘酒在宋朝时已有名气，是名副其实的古老佳酿。

客家娘酒的制作工艺十分用心，酿酒需要制作者提前一个月准备。而制作传统娘酒的过程也很是壮观，尤其是炙酒的步骤，需要火堆焖烧。酿娘酒讲究步骤精细，每一道工序都不容有丝毫差池。如今或许越来越难寻觅传统工艺，但娘酒早已融入客家人的生活当中，成为外地游子乡愁的一部分。一道娘酒鸡是客家妇女产后的第一餐。过去客家女人个个都酿得一手好酒。酿酒的技艺如何，也成为衡量一个客家女人能干与否的标准之一。当她们生孩子的时候，会以姜、酒、鸡作为坐月子的补品。

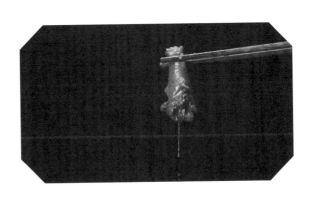

娘酒鸡

客家娘酒

　　饮食文化是最能充当一种文化特色的载体，能够体现一个地域或族群的文化性格。从客家人独特的饮食文化来考察客家妇女的地位，我们可以看到客家妇女的地位是比较高的。一方面，客家先民从移垦的艰辛生活中深深体验到人丁繁盛的重要性，无论对外抵御侵犯，还是对内发展生产，人多是第一优势。所以在生育方面，客家妇女很受重视，因为她们直接关系到家族的人丁兴旺与否。客家妇女生完小孩后，一个月内躺在家里足不出户，称为"坐月子"。客家人认为，产妇如果坐月子调理不好会落下终身毛病。因此，客家产妇坐月子，从洗草药浴、饮米酒、吃娘酒鸡，到做满月，都有一套独特的习俗。洗草药浴可以祛风、除湿、解表、发汗、利关节；食用娘酒鸡能让产妇在短时间内迅速恢复元气，要等坐完月子后才可以像以前一样干体力活。这种娘酒鸡有去瘀活血、温中补虚之功效，是客家妇女产育期的传统大补食品。产妇在坐月子的时候，天天、餐餐吃的都是客家娘酒煮的娘酒鸡，直到孩子满月为止。据说如果生的是男孩要吃足31天，女孩要吃足30天，就是所谓的"男子要出头，女子要齐头"。产妇吃娘酒鸡的饮食习俗，起到了保护妇女的作用，也说明了客家社会对妇女的重视。

如今，这道娘酒鸡不仅只是产妇的滋补佳品，当地人还用来招待亲朋好友，实属是一个洋溢着客家民风和客家味道的食俗。在梅州就有一位远近闻名的客家菜师傅，他的母亲每年都会在村里酿客家娘酒。娘酒鸡是母亲常做的家常菜，如今也成为了他餐厅中客家菜的招牌。

第二节　小山村走出的中华金厨：朱世雄

朱世雄生长的玉水村是远近闻名的厨师之乡，在这里诞生了200多位厨师。朱世雄入行学厨也是受父亲和伯伯的影响，20世纪50年代父亲和伯伯在梅州中学做总厨，后来回到

中华金厨：朱世雄

农村做乡厨，街坊邻居的红白喜事都会找他们帮忙。所以小时候朱世雄会跟在父亲和伯伯后面打下手，蹭吃蹭喝，有吃有玩，慢慢就对做厨师产生了兴趣。虽然也像别的男孩子一样爱玩，但朱世雄从小就认真勤勉，跟着父辈打下手的时候也学到了不少真本事。客家传统菜的耳濡目染，也使他对客家饮食文化的理解更为深刻，为他后来成长为代表客家的中华金厨打下了基础。

90年代初朱世雄正式开始了自己的厨师生涯。十五岁的他带着一股客家子弟天不怕地不怕的血性，四处闯荡，走南闯北。他去过很多地方，深圳、新疆、湖南等等。但是他没有被花花世界的五光十色所迷惑，他坚定自己的内心，专做厨房，不断积累经验，磨炼自己的厨艺。作为客家人，朱世雄很以客家菜为豪，他没有丢了本分。但他认为真正的厨师，应该"集百家之所长"，不能安于一隅。从这个意义上说，他不再只是父辈那样的乡厨，而是具有广阔视野和远大理想的大厨。

多年来朱世雄南征北战，手底下带了不少徒弟，甚至有跟随他20多年的弟子。后厨不只是厨师的辛苦，也有日积月累的师徒情、

◆ 朱世雄立志传承传统客家菜

兄弟情。漂泊浪子，思乡心切。2013年他带着弟子们回到家乡梅州创业，开了自己的餐厅"大厨小馆"。朱世雄对于厨房有一种天生的亲切感，每次一到厨房他的灵感就源源不断。多年漂泊的经验丰富了他的厨艺视野，他把客家菜、粤菜、潮菜和各地特色菜相结合，打造出融会贯通的创新菜，颇受欢迎。现在他是厨师之乡玉水村厨师协会的执行会长，不仅带动了本村的村民传承传统客家菜，提高厨艺奔小康，连隔壁村、其他县的人也受益匪浅。朱世雄说："师父们留下来的，老祖宗留下来的，那些传统的客家菜，我们就要传承下去。"

第三节 客家女人味：娘酒鸡

过去，制作娘酒几乎是每个客家女人的必修课。而一道娘酒鸡，则是对客家妇女的关爱和敬意。娘酒鸡的精髓是娘酒，其实就是糯米酒。用糯米酿造的糯米酒称为"黄酒""老酒"或"水酒"。由于这种酒的酿造一般由客家妇女承担，因此被称为"客

制作娘酒鸡

家娘酒"。娘酒的酿制过程为：将浸泡一夜后的糯米置饭甑（蒸酒的木桶，底部有缝）内蒸熟，变成"酒饭"，然后倒至簸箕上摊开，将"酒饼"又称"酒曲""白药""酒药"（一种发酵的酵母，主要成分是一种叫"酒饼草"的草药）研碎后洒在"酒饭"上，然后把"酒饭"放入陶瓷制的酒缸中，并在"酒饭"中央挖口"井"，称为"酒井"，以便"出酒"。"酒饭"发酵时要兑一些高度白酒，称为"降（绛）酒"（"降"客家读音为"杠"，意为添加），发酵好以后，就要进行"逼酒"或"扒酒"，即榨取酒中之精华。这些精华，客家人称之为"酒娘"或是"娘酒"，有些地方也叫"蜜酒"，"酒娘"沉淀后的浑浊物叫"酒脚"或"酒汶"。然后再往酒糟里兑高度白酒，二次发酵后的酒叫"黄酒""水酒"或"陈糟酒"。

此外，酿酒还有烧火这一环，客家人称为"炙酒"，指用陶制的酒瓮盛酒，用谷糠、稻秆、锯屑末之类堆烧，直到酒沸腾。炙烤过的酒叫"老酒"，而没炙过的酒叫"生酒""子酒""酒

鸡的鲜香和娘酒的醇香令人味蕾留香

子"或"娘酒子"。客家人认为，炙烤过的酒温补，不会寒凉，对生育后的妇女比较好。也有一些地区省了这一环节，所酿的酒则称为"放酱酒"。在重大节日，办喜事招待客人时餐桌上都要摆上自家酿的老酒。酒除了直接喝外，有时也可以用来煮制肉食，以酒当水煮制肉食，在客家地区叫"煞酒""涮酒"或"煮酒"，如用娘酒炒鸡，又名娘酒鸡。

娘酒封坛一年，经过四季变幻、时光鎏金之后，酒味更香醇，温补效果更好。这种精心酿造的娘酒才能让朱世雄做出满意的娘酒鸡。娘酒鸡的制作方法是朱世雄自母亲那里学来的，进一步演变成大厨小馆的招牌菜。朱世雄对食材搭配很重视，他选用一年以上的鸡，味道更浓郁。老姜不去皮，姜皮有驱寒功效。姜剁碎用花生油炒至赤黄色，然后将鸡肉块炒至金黄。加入适量老酒（娘酒原浆）和水酒（二次发酵）一起放入砂煲，文火一个多小时慢慢煲透。鸡的鲜香和娘酒的醇香唇齿交欢，令人味蕾留香。

一道娘酒鸡，千年客家情。客家儿女念念不忘的味道，是母亲的味道，也是故乡的味道。娘酒飘香，千里传情。朱世雄希望客家人保留这份传统味道，更多的人也可以走进客家，品味客家味道。

▶ 一道娘酒鸡，千年客家情

叁

长寿之乡的秘诀：

制以

古法，食以

自然

蕉岭是世界第七个长寿之乡，街上常常能看见精神矍铄的老人家。长寿之乡的秘诀不仅是蕉岭的水土气候，还有人们崇尚自然的饮食习俗。遵循老祖宗的天人合一之法，讲究纯天然的古法烹饪，保留了食材的天地灵气、日月精华，在美食面前人与土地同呼吸。

第一节　"妙手偶得之"的盐焗鸡

　　盐焗鸡是客家传统美食，与酿豆腐和梅菜扣肉一起被称为"客家三大招牌"。盐焗是客家人特有的烹饪方式，传说盐焗鸡的问世还是一段"妙手偶得之"的故事。客家先民由于战乱南迁，他们所饲养的家禽不便携带，便将其宰杀，放入盐包中以便储存和携带。待到食用时，直接蒸熟即可。有一位客家妇女儿女成群，其中一位小孩体弱多病，因当时缺乏各种营养食品，就将用盐腌制后的鸡，用纸包好放入炒热的盐中用砂煲煨熟，小孩食用后身体逐渐恢复，并参加科举考试中了状元。后来这种菜肴家喻户晓，盐焗鸡的做法便流传至今。梅州自古有尊老爱幼的习俗，盐焗鸡通常是给老人、小孩或是体弱之人食用。过去的农村里，生活贫困、物资匮乏，而鸡本身蛋白质非常充足，一道盐焗鸡是专门给体弱者补充营养的美食。如今，盐焗鸡以其独特风味走红，受到人们的喜爱，成为广东街头巷尾常见的烧腊店招牌，并且随着客家人遍布全球的足迹飘香海外。

　　盐焗鸡的发明虽说是"妙手偶得之"，但却隐含了客家饮

▶ 制以古法，食以自然

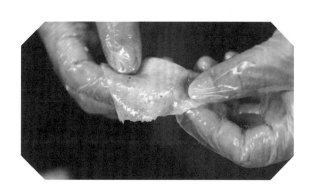

食文化的必然倾向。客家菜肴风味的形成跟客家民系的形成是分不开的，正如客家话保留着中原古韵，客家菜中也保留了中原传统的生活习俗特色。此外，岭南封闭的交通环境使得客家菜在较长的时间里自我成型、自我演变而自成一家。与潮菜比较，客家菜的口感偏重，客家菜讲究"咸、烧、肥、香、熟、陈"，这与客家人长期的生活水平和习惯有关。客家菜偏咸，有"吃在客家，咸是一绝"之说。客家先民南迁时，盐是必带的重要物资。盐在客家菜肴烹饪当中发挥了重要作用，盐焗鸡的主角之一就是盐。鸡的鲜味与盐的香味交织，咸香味美，回味悠长。此外，客家菜中的养生保健意识尤为鲜明，用料讲究鲜嫩，讲究野生、家养、粗种；加工讲究煮、煲、炖，讲究粗刀大块，不破坏食物营养与纤维；烹调讲究原汁原味，不使过浓佐料，清淡可口，利于消化。[①]而盐焗鸡恰恰契合了这种"妙成天然"的养生理念，选用满山跑的走地鸡，将一整只鸡用砂锅焖焗，紧锁丰美的滋味和营养。除了盐没有任何调料，清而不淡，咸香滋味丝丝入扣。

第二节　古法传承守业人：林裕民

盐焗鸡的做法虽然不难，但传统的古法制作费时费力、经济效益低，所以真正坚持古法盐焗的人少之又少。在长寿之乡梅州蕉岭县，有一位"固执"的古法盐焗鸡传承人。他温文尔雅，常穿素净的衬衫，但魁梧笔挺的身躯透露着年轻时曾是军人的气质。他就是林裕民，为人温和，说话斯文，耐得住性子去做费时费力的古法盐焗鸡。2003年退伍后，林裕民放弃了安稳的国企工作，决定自己出来创业。凭借对客家传统工艺的热爱，便以祖辈五代传承下来的手艺开始了盐

---

① 张凤平. 客家饮食文化漫谈[J]. 神州民俗（学术版），2012（03）：17-19.

焗鸡生涯，在蕉岭自家小院开了一家盐焗焗品店，一直坚持以古法制作盐焗鸡。

　　林裕民对于古法盐焗有一股科学家的求真精神，他常常去考察其他店家的古法盐焗鸡，研究其他所谓"古法盐焗"的特色，不断地揣摩、摸索，进而提高自己的盐焗工艺。在林裕民的家乡，几乎每家每户都有制作盐焗鸡的手艺，但现在市面上的盐焗鸡大多是用盐焗粉腌制而成，价廉快销，失去了盐焗鸡原本的面貌。他坚持古法是为了把客家健康饮食传播给大众，让更多人品尝到盐焗鸡最初的味道。但因为成本和效率都有很大的局限性，家人也曾提议要适当改变制法，但都被林裕民拒绝。他始终相信，古法制作盐焗鸡的本味健康观念，经过时间的沉淀，一定会

林裕民坚守古法盐焗传统

越来越被大众所认可。

　　坚守古法盐焗传统的同时，林裕民也在思考如何与时俱进，结合人们的口吻研制新的盐焗食品。他常说："传统的东西一定要发扬创新，才会有好的发展。"做了近二十年的盐焗鸡，林裕民对鸡已经到达了如指掌的地步。除了自制盐焗鸡外，他还研制盐焗鸡爪、鸡胗等。鸡爪是鸡身上富含胶质的部位，因口感受到大家喜爱，广东人常常用来煲汤，而盐焗过后的鸡爪也非常有嚼劲，非常适合当作休闲小零食。经过不断的实践和摸索，林裕民研发出了盐焗鸡胗、盐焗鸡爪、盐焗猪腰和盐焗兔子等创新的盐焗美食。

　　多年的匠心坚守、初心不改，林裕民的古法盐焗鸡获得了越来越多的认可。看着乡亲们吃得满足、吃得健康、吃得开心，他感到很欣慰，但有时也会疑惑，自己坚守的古法盐焗是否具有厨艺价值？一次偶然的机会，林裕民得知梅州市举办厨艺技能大赛，他希望自己的古法盐焗鸡能够获得专业评委的建议，于是他决定以个人名义参加大赛。相较于具有大型餐饮背景的厨师，林裕民显得有些势单力薄。但出乎意料的是，他的古法盐焗鸡获得了金牌，而整个

▼ 林裕民初心不改

古法盐焗鸡讲究自然本味

梅州市只有三块金牌，足见来自专业的重视和认可。这次出师告捷的经历让林裕民更加坚定了自己的选择，古法盐焗鸡的本味自然有不可取代的价值，并且毫不落伍，而是符合当下大健康时代的饮食趋势。

第三节　妙成天然：本味古法盐焗鸡

食物的原味也称"自然之味"，清代著名美食家袁枚的《随园食单》指出，"一物有一物之味，不可混而同之"。古法盐焗鸡讲究的就是自然本味，妙成天然。林裕民传承研制的古法盐焗自成体系，从准备到出炉全少需要十个钟头，并且对食材的要求特别高。为了达到心目中"妙成天然"的水准，他一丝不苟、毫不含糊。

经过多年摸索的经验，林裕民发现135天左右的江西鸡是最适合盐焗的。这种鸡不会太肥，脂肪适中，是盐焗鸡的理想对象；并且温补效果好，契合他遵循的养生观念。林裕民亲力亲为，每次都

会到养鸡的山头跟进鸡的大小情况。

　　"古法盐焗"听上去很神秘，但林裕民说："其实什么配方都没有，就是纯盐。"他选用的是粗粒海盐，这种纯天然海盐的盐味最纯正。抹盐力求涂抹均匀，用双手一点点慢慢去搓，用心感受每一只鸡的纹理和曲线。不然会造成有的部分太咸，有的则无味。一整只鸡享受了360度无死角海盐SPA之后，就需要挂起来晾晒，直到表面没有明显水分。接下来就是隆重的盐焗仪式。盐焗的盐一定要干，所以炒盐需要一个多钟，炒干炒热之后才没有腥味。这种纯天然海盐没有加碘，所以研制出来盐香味特别浓。林裕民一般采用两到三张白砂纸来包鸡，这种纸的透气性比较好，鸡的水分可以往外挥发出来，而盐香味则透过纸慢慢渗进去。砂锅里用炒热的盐垫底，然后把包好的鸡放进去，再用热盐覆盖住。盐的矿物质、盐香味通过焗制的过程渗透进鸡的每一寸肌肤。生焗的过程需要两个多钟，慢火煨制更加入味，需要时刻看炉，每一个炉的炭火温度都不一样，炉膛的深度、高度都会影响火的大小。林裕民对于火候掌握非常严谨，这个过程必须耐心

手撕盐焗鸡吃起来更香

呵护，绝不能偷懒，不然容易功亏一篑。

　　林裕民的古法盐焗鸡色泽自然，不是市面常见的金黄，因为他不加任何色素，保留原汁原味。盐焗鸡有手撕和切块两种处理方法，传统客家人爱手撕，这样能避免鸡肉纤维遭到破坏，同时汁水也被封锁在鸡肉本体当中。手撕作为人类远祖"原始野蛮"的方式，使人大快朵颐，吃起来更香。林裕民出品的盐焗鸡鲜香嫩滑，妙不可言，许多人吃的时候连骨头也不放过，尽情吮吸其中的美妙。盐焗鸡的鸡皮最为出色，本身鸡皮中含有大量的弹性纤维蛋白，而水分抽取之后变得很脆，口感不会很咸，脂肪激发出来剩下晶莹剔透的皮，筋道鲜香。其实古人早就发现了鸡皮的奥妙，《红楼梦》第八回里提到，一个寒冷的冬日，宝玉惦记着生病的宝钗，便去府上探望。后来黛玉也来了，三人聊得很开心，便喝点酒助兴，一直到晚饭时间，在宝钗府里吃了一道汤，名为酸笋鸡皮汤。盐焗鸡的鸡皮广受人们的喜爱，有的盐焗鸡店甚至专门开设售卖盐焗鸡皮。

　　2015年，盐焗鸡烹饪技艺被列入惠州市第六批市级非物质文化遗产名录。可见人们逐渐开始重视古法传承的盐焗工艺，但也从另一个侧面反映出古法盐焗鸡的生存危机。做一只或许不难，但做成生意持续出品却很难。林裕民坚守古法盐焗阵地实属不易，日复一日的匠心守护，相信也会得到越来越多人的"心心相印"。

林裕民坚守古法盐焗阵地

肆

辣不绝口的

梅岭鹅王

「民以食为天，食以味为先。」追求好味的广东人在饮食上讲求『五滋六味』。『五滋』是香、松、软、肥、浓，『六味』是酸、甜、苦、辣、咸、鲜。粤菜大师们通过精心烹调，让六味展现出了独特魅力。虽然『辣』并非粤菜的主流，却是『非主流』当中的一朵奇葩。在粤北的南雄，就有一道令人辣不绝口的传奇之王。

第一节　南雄的辣椒基因

在全国食辣地图中，广东人被视为是最不能吃辣的食辣链末端。然而有趣的是，历史上最早引入辣椒的地方正是不太能吃辣的广东。明朝末年，辣椒经由海上丝绸之路抵达中国东南沿海，史称番椒，最初被列入奇花异卉，成了当时文人雅士家里的盆景。在辣椒登上餐桌之前，中国人吃香喝辣主要依赖生姜、吴茱萸、大蒜、花椒和紫苏等传统调味料。古代的官盐垄断非常严重，官盐价格很贵，运输效率也低。西南山区常年吃不上盐，"一石米换一斤盐"，缺盐最厉害的就是贵州。康熙六十年《思州府志》中记载，老百姓为了调剂寡淡的口味，以辣代盐进入中国食谱。跟贵州吃辣很相似，南雄菜除了以"辣、香"出名，"酸、鲜"也是不可或缺的味道。说到辣味，人们可能首先想到湘菜和川菜。比如提起火锅，重庆是红油麻辣锅，广东却是油星不沾的矿泉水汤底或是毋米粥锅底。然而，在广东有一个地方被称为"广东人吃辣的上限"——韶关南雄。

南雄的辣椒基因

　　商周时期，人们将"酸、甜、苦、辣、咸"归于阴阳五行当中，开始认识到饮食调味与健康的关系，学会根据气候、地形与季节变换调味。韶关是广东的"北大门"，有趣的是，对于广东人来说，中国的南北地理分界线应当划在南岭，韶关恰好嵌在这条分界线上。韶关可以说是"八山半水一分田"，山区较为潮湿，而且南雄纬度偏高，冬天还能看到飘雪，需要体力劳作的南雄人通过吃辣来取暖祛湿。韶关属于客家地区，过去中原先民穿越梅关，依山客居。然而，南雄客家人的饮食与东江客家菜系略有不同，东江菜系偏向"原汁原味"，而南雄临近非常能吃辣的湖南与江西，自然也有了一些"辣椒基因"。由于地理和历史的深厚积淀，造就了南雄好食辣的粤北食乡土客家风情。南雄的辣菜主要突出"辣、酸、鲜、香"四大味，在注重辣的同时，还注重鲜香、清甜的口感。总的来说，南雄菜既有中原饮食文化的特点，又传承了粤菜的精髓。在梅岭就有一道非常特色的菜肴——梅岭鹅王，以辣和香称王。有一位藏于名山却扬名在外的大师，被当地人称为"鹅王"，吸引了不少慕名而来的游客。

第二节　南雄辣菜代表人：赖正国

　　南雄梅岭，史称"岭南第一关"，北与江西接壤，毗邻湖南，素有"湖南人不怕辣，南雄人怕不辣"之说。在这里，有一道著名的辣味菜肴——梅岭鹅王，每年都有许多游客特意前来当地观光，并品尝这道菜肴。也因此，在梅岭当地出现了神奇的现象，一条国道临近的饭店，家家都做鹅王。在众多的饭店里，有一家梅苑酒楼脱颖而出。大厨赖正国的手艺受到了许多人的认可，并且获得了2019年南雄市"梅岭鹅王"优胜奖。

　　赖正国从厨自1996年至今已有24年多了，起初他是个跑运输的司机，走南闯北，吃百家饭，对饮食行业慢慢产生了兴趣。赖正国的父亲是个能干的乡厨，蒸酒、磨豆腐、乡村大小喜宴都能做下来。赖正国小时候常跟随父亲去帮厨，有一次炸扣肉，程序没做好，色泽不均，也没炸好，导致扣肉色香味全无。父亲大发雷霆，掐着赖正国的耳朵去祠堂罚跪。父亲很严厉地说："这点小事都做不好，将来怎么能做成大事呢？"赖父唠唠叨叨连续骂了几天，教导儿子要诚信做人，认真做事。这次受罚让赖正国留下了深刻的印象，他感受到了父亲的期盼和责任的重担，也意识到当厨师的不易。

后来赖正国决定自己创业开饭店，刚开始那几年特别艰难。连进货都没本钱，想做的事做不了，环境设施设备都很差，客源消费量也很少，很难维持生计。赖正国才明白，原来开好一间饭店根本不是想象的那么容易。他冥思苦想，寻找破局之路。为了降低成本，他决定自己养鸡鸭鹅鱼等等，连蔬菜瓜果也叫自己老婆种。这样一来不仅自产自销、降低成本，并且保证给客人提供最新鲜、优质、绿色的食材原料。此外，为了更好地回报顾客，赖正国不断提高烹饪水平，到处学习交流

南雄辣菜代表人：赖正国

厨艺，力求做出南雄梅岭最具有地方特色的鹅王美食。功夫不负有心人，赖正国的梅岭鹅王独具特色，在当地打响了招牌。并且在政府发展旅游事业的大环境下，游客越来越多，梅苑酒楼的生意也一年一年红火起来了。

第三节　辣香称王：梅岭鹅王

　　一道以辣称王的鹅王是赖正国记忆中小时候的味道。赖父是村里有名望的厨师，常给村里人做鹅王，大家都非常喜欢吃。受父亲的耳濡目染，赖正国学会了这道家常菜。并且经过多年的学习摸索、研究改良，如今他做的梅岭鹅王不仅受到当地人喜爱，更受到外地朋友的喜爱。赖正国的梅岭鹅王以辣著名，辣得让人猝不及防，即使是很能吃辣的湖南人也被辣得直呼救命。一道好味的鹅王，赖正国有独到的秘诀——与鹅成为好友。一对养了十二年的大雁鹅是赖正国的老友，源于与鹅的特殊关系，让赖正国制作的鹅王更具风味。此外，经过十几道细致工序的烹调，采用乡土柴火焖

以辣称王的鹅王

制，加入十几种中药材与当地产的黄辣椒和朝天椒，更让这道菜看带有粤北山区风味。

从选料开始，赖正国就有自己的一套方法。鹅是选用自家喂养一百多天的狮头鹅，鹅平时吃青草，绿色健康。这个时期的鹅肉水分没那么重，不老不嫩也不柴，是鹅肉最健康发达的时期；并且吃鹅肉可以润肺止咳，增强免疫力，改善心血管系统。此外，配上梅岭本地种植的土姜、大蒜、黄姜辣、霸王椒，加入天然香草和自酿米酒提味，采用清甜的梅岭山泉水，再结合赖正国独家研制的秘制大料包，赋予鹅肉馥郁芬芳的灵魂。这样做出来的鹅王，鲜、香、辣、嫩，可口而不上火，是一道美味绝佳的下饭菜。烹饪时，他始终采用农家柴火大灶，因柴火大灶爆炒鹅肉时，受热均匀，炒出的鹅肉更香更嫩。在焖制的过程中，转用中火慢慢焖透入味，鹅肉的味道才能由内而外、丝丝入扣。柴火大灶虽然麻烦，但火候易掌握，鹅肉的烟火气更浓。这就是传统的柴火大灶不会被煤气灶取代的优势。

赖正国凭借一道梅岭鹅王辣出了名，但成功绝不是偶然的。他一直严格要求自己，作为厨师，要有厨德和工匠精神，不断学习、创新改良，用心去做好每道菜品，让顾客品尝到健康美味的美食。初心不改，辣味依旧！

伍

铭刻在乡愁里的
客家味道

历史上，客家人迫于生存曾五次南下大迁徙。他们背负着延续族群的重任踽踽前行，崇文重教以正文化本源，代代相传铭刻味蕾记忆，前赴后继守护客家人的乡愁。惠州的老城区就有这样一位『客家守味人』，他独创的一道『乌记咕噜肉』远近闻名，成为众多客家子弟魂萦梦绕的乡愁味道。

第一节　外国人的最爱

2019年5月，广州亚洲美食节期间发布的《2019年粤菜海外影响力分析报告》显示，粤菜在中国八大菜系中的国际认知度排名第一，而海外民众最喜爱的菜品是菠萝咕噜肉。[①]咕噜肉作为欧美人士最熟悉的中国菜之一，常见于唐人街的餐馆。为什么咕噜肉如此受到西方人的欢迎呢？这和他们的肉食习惯以及口味偏好有关。西方餐桌上所用的肉类大多要先剔除骨头，如牛排、猪排、鸡排等，鱼去头尾和骨刺、虾蟹去壳。这种肉食方式不仅方便卫生，而且能够实现大口吃肉的巨大满足感，并且保持西方传统使用刀叉的精致优雅。此外，咕噜肉酸甜可口，酱料层次丰富，符合西方人对酸甜风味和酱料浓郁的偏爱。

咕噜肉的发明也是一个颇为有趣的故事。清朝时开设广州十三行通商贸易，许多外国人在广东地区往来经商。他们尤其喜欢吃糖醋排骨，但并不习惯吐骨头，有时会连骨嚼碎吞食。心细的广东厨师发现了这一点，即以剔骨的精肉调味与淀粉拌和制成一只只大肉丸，入油锅炸至酥脆，浇上糖醋卤汁，其味酸甜可口，受到中外宾客的欢迎。于是这道菜流传下来，成为粤菜的传统经典风味。在海外，广东人也是最早侨居欧美地区的中国人，并于当地开设粤菜餐馆。大厨们最初为了迎合外国人的口味而炒制甜酸口的咕噜肉，更使咕噜肉普及起来，逐渐成了美式中餐的主要标志。

"咕噜肉"的名称颇为特别，听上去似乎是外语音译，常常有人误以为是西方传入的菜肴，但其实是地地道道的本土发

---

①　王攀. 食在广州，"广味"又如何炼成[J]. 决策探索（上），2019（09）：73.

明。关于咕噜肉的名称有两个说法。第一个说法是指由于这道菜以甜酸汁烹调，上菜时香气四溢，令人禁不住"咕噜咕噜"地吞口水，因而得名。第二个说法是指糖醋排骨这道菜历史悠久，咕噜肉因之改制而来故称为"古老肉"。外国人发音不准，常把"古老肉"叫作"咕噜肉"，于是"咕噜肉"的说法便流传开来。咕噜肉的全球"出道"，不仅使外国友人大饱口福，也让华人华侨品尝到了一抹"酸酸甜甜"的乡愁。

第二节　守着苗家祖屋和传统技艺的老厨子：苗永安

乌记饭店是一家开在百年祖屋里的私房餐馆。据苗家族谱记载，康熙年间，因受朝廷派遣，苗氏家族苗英从江苏无锡来到惠州驻守。直至清末，人丁兴旺，老苗屋不够住，苗氏第六代苗穗良购

百年祖屋里的私房餐馆

置新苗屋，并定堂号"慎新堂"（乌记饭店现址）。客家文化中鲜明的儒家文化气质也在苗家生根发芽，他们非常尊尚崇文重教的传统。清朝灭亡后，苗氏家族以教育为重，致力于培养后代，往后苗家四代有50多人从教。在惠州，一说起"苗屋"，人们的第一印象便是"教育世家"。

而生于1950年的苗永安，从小在苗家祖屋里长大，在"教育世家"的光环下却没有走上从教之路。由于父亲早逝，十来岁的苗永安就到了茶楼里做学徒。勤学苦干的他学得一手制作中西糕点和东江菜的手艺，并辗转在惠州不同饭店磨炼，也曾前往深圳谋生。1983年，苗永安与妻子在祖屋沿街的位置开了一个早餐摊，专卖糕点。夫妻俩齐心协力，把早餐摊做成了饭馆。苗永安为人随和，朋友们都亲切地叫他乌仔，于是他将店铺取名为乌记饭店。夫妻俩坚持物美价廉、诚信经营，凭良心做餐饮，获得了街坊们的信任和喜爱。

2003年，乌记的热闹美景被打破了。由于城市规整、老城改

221

迁，北门直街成了一条死胡同，乌记饭店生意惨淡。在这段寒冬时期，家里意见不一争吵不断，乌记饭店何去何从？是关门出外务工，还是苦撑坚持？最终，苗永安和妻子选择了坚守。苗永安回忆说："传统想要留下来，顾客接受的那个菜品，要坚持一下。"而正是这份逆境坚守的决心，保留了街坊的老味道和苗家祖屋牵系的客家情怀。如今，乌记名声在外、宾客盈门，常常有许多外地人慕名而来。70多岁的苗永安至今仍亲自掌勺，守着东江菜式的传统手艺，守着已有300多年历史的苗家祖屋。

第三节　酸酸甜甜的乡愁：咕噜肉

乌记饭店的厨房前有一副对联："东江老店造肴味，府城简厨留客情。"这里的"客"是客人的"客"，也是客家的"客"。东江流域是"客家文化圈"的四大区域之一，处于东江中游区域的惠州，早在1400多年前的隋唐已是"粤东重镇"；中国近现代史以来，惠州更是东江地区的首府，以及政治、经济和文化中心。惠州

酸酸甜甜的乡愁

也是客家人世居聚集的重镇，其文化内核是客家文化。[①]位于惠州老城区的乌记饭店，擦亮了传统客家东江菜的招牌。

世间事有时是"无心插柳柳成荫"，苗永安出身教育世家，家族里有50多人从教，而唯独他从厨。不过反而因为他从厨，原本清冷的苗家祖屋变成充满烟火气的乌记饭店，才让这间老宅一直有人守着，苗氏家族逢年过节可以团聚一堂。当地聚集的客家人来到乌记，也可以感受到苗家祖屋牵系的客家情怀。苗永安躬厨一生，亲手带着一代代的弟子成长起来，使他们成为可以独当一面的大厨，也让传统客家东江菜的手艺根脉不断。从客家美食文化的传承上说，苗永安也算是完成了继往开来的教育使命。

而让客家子弟们魂萦梦绕的乡愁味道则是乌记的招牌菜——乌记咕噜肉。咕噜肉作为粤菜里的传统菜式，从侧面反映出地处亚热带的广东由于气候湿热，人们需要酸甜的味道来增加食欲。[②]苗永安匠心独运，独创秘制之法，使咕噜肉清新怡人，酸甜适度而不腻，肉丸酥脆而不油。这有赖于他精心调制的脆浆和酸甜汁。传统的咕噜肉用淀粉和鸡蛋裹液炸，口感黏腻显老，不够清爽。苗永安自己发明配比的脆浆，使咕噜肉轻薄透亮、酥香肉嫩。再佐以调制均匀入味的酸甜汁，酸提神、甜入心，令人的味觉神经为之一振。这道酸酸甜甜的咕噜肉，开胃提气，老少皆宜，载满了街坊们从小吃到大的乡愁味道。

凭借自己的双手创造出来的生活，才是最稳妥的幸福。而经过双手努力获得的美食，才能吃出不一样的甘甜味道。大山不承诺富足，但会给勤劳的客家人应有的回报。勤苦智慧的客家人遍布天下，但无论客家人走多远，家乡的味道总是一股特殊的力量，指引着回家的方向。苗永安守着苗家祖屋，三尺炉灶，一颠勺便是悠悠千年的客家味道。

---

① 柯汉琳. 惠州文化的"后客家文化"性质定位[J]. 惠州学院学报，2014，34（05）：11.

② 钟安妮. 论中国菜名中的文化内涵[J]. 探求，2006（01）：80.

陆

鹅醋钵·百年客家风味

鹅醋钵是粤北山区传承了六百余年的客家风味。鹅醋钵味道酸甜可口，在当地的饮食习惯中有举足轻重的地位，是人们逢年过节不可或缺的一道美味。在当地人眼中，鹅血已经从一种食材变为一种酱料汁，用鹅血炒鹅肉，是对原汁原味的最佳诠释。

第一节　中国人的血食文化

血作为食材出现在中国人餐桌上的历史很长，从清淡的鸭血粉丝，到爽辣的红汤鸭红，从东北血肠，到岭南鸭血，各类以血入菜的佳肴都有其味美之处，动物血更有"液态肉"之称。

动物的血液自古以来就被人们认为是其周身的精华。中国人的血食文化最早来源于祭祀。从"血"字的起源说起，拆解开来就有"器皿""祭祀"的意思。《说文解字》有言，"血，祭所荐牲血也"。在古代祭祀用牲，谓"血食"。所以古人只有逢年过节或者拜祭先祖时才可能得一碗，打打牙祭。

在满足食用功能之后，动物血的医用价值也开始被挖掘。我国第一部营养专著《饮膳正要》（元代忽思慧著）在许多方剂中都提到动物的血，并高度评价了动物血的营养价值。

在动物血中，备受人类重视的当数鹿血，历史上达官贵人都把鹿血作为延年益寿、滋补强身的补品。《本草纲目》中的许多古方都以鹿血为主要原料。鹿血含多种氨基酸、微量元素、维生

▶ 六百余年的客家风味

素和生物活性物质，具有补肾、增精、益气、养血等功效。

唐代孙思邈著写的《千金食治》就有记载猪血"性平、味涩、无毒，主卒下血不止，美清酒和炒服之"，甚至对"中风头眩、淋沥"具有一定效果。由此来看，猪血不仅仅只有补血一条功效。

鹅血，性平味咸，功效甚多。清代赵其光的《本草求原》中记载过鹅血有开噎解毒的功效："苍鹅血，治噎膈反胃，白鹅血，能吐胸腹诸血虫积。"[1]陶弘景曾在《本草经集注》中提到鹅血："中射工毒者饮血，又以涂身。"

现代医学研究也证明，鹅血中富含免疫球蛋白、抗癌因子等活性物质，具有抑癌作用，并可辅助治疗食管、胃、贲门等消化道癌症，能改善症状，增加白细胞数量，增强并提高抗肿瘤的免疫能力；也可单独或与其他药食配合食用。此外，鹅血还有解毒、消热、降血压、降血脂、降胆固醇、提高机体免疫力、促进淋巴细胞的吞噬功能及养颜美容等医疗功效。[2]鹅血和鹅胆更是食品工业和医药工业的主要原料之一，鹅胆苦寒无毒，并有清热、止咳、消痔疮的功效。[3]

随着时代进步，动物血的医学价值已经被弱化，但是其入菜的传统得以保留，让各位饕客大饱口福。在各类血料理中，客家名菜"鹅醋钵"必须占有一席之地，这道酸甜的鹅血料理，粤北山区的独有之肴，在百花争艳的粤菜餐桌上散发着它独有的魅力。

① 史培磊. 风鹅腌制工艺改进及其品质变化规律的研究[D]. 南京：南京农业大学，2011.

② 汪学荣，张晓春，王飞，等. 喷雾干燥法制备鹅血粉的工艺研究[C]. 武汉：第三届中国水禽发展大会，2009.

③ 美食家. 健康菜篮榜中榜[J]. 农产品加工，2005：4.

第二节　把从厨当修行的客家老饕：赖仁学

南粤春王府行政总厨赖仁学是烹鹅的专家，每每提到鹅醋钵这道家乡特色菜肴，他总是饱含热情。为了能更好地传承和弘扬这道客家美味，他还写过一篇关于鹅醋钵的论文，希望能将自己的技艺和见解沉淀下来。

"从厨也应该像学习一样，需要活到老，学到老。"学习，是与这位粤菜大师对话中出现的高频词，从学徒，到师傅，到出品总厨，于他而言，这条粤菜之路宛若一场持续一生的修行。

赖仁学出生于广东韶关新丰县，1982年入行，当时选择成为厨师的初衷只是为了赚钱养家，帮补两个弟弟的上学开支。

"刚踏入社会，谁会想到后面能够做到大厨师，没有想太多，当时只是希望有一技傍身。"回忆起最初入行的原因，赖仁学给出的答案极其纯粹。

后厨的辛苦他只字未提，只是强调做餐饮需要潜心："做中式餐饮，特别是做粤菜，三五年是看不出什么变化的。最初只是在打基础，还没有办法发挥，必须坚守，坚持，必须潜下心钻研，做到老学到老，水平才会提高。"十六岁入行，从洗碗打杂到热菜掌勺，从后厨学徒到出品主厨，凭借一份坚韧，赖仁学在这场旷日持久的后厨修炼之中慢慢掌握成为大师的必备技能。

十年磨一剑，未敢试锋芒。再磨十年剑，泰山不可挡。赖仁学坚信真正的修行，要在做事中磨炼，所以他从来不放弃任何一个学习进阶的机会，为了学到更多知识，接触到更专业的人士，2008年他离开生活已久的中山，来到深圳。"深圳这个城市学习的机会特别多。"初到这个城市，他便参加了中式烹调比赛并获得第三名，

赖仁学立志要将鹅醋钵发扬光大

由此结识了让他获益匪浅的厨师前辈。在与前辈同行的切磋过程中，他对学习的敬畏和坚持与日俱增。为了不断充实和超越自己，赖仁学开始了厨师技能考试之路，从初级到高级，从高级到技师，在考取了一个又一个证书之后，他对于餐饮的见解也愈加深刻。

随着能力的提升和责任感不断增强，赖仁学立志要将粤菜传统菜式发扬光大，家乡菜鹅醋钵便是其中之一。然而，这道客家传统美食却在进入深圳的大酒楼时遭遇"水土不服"。"客家人吃鹅血讲究功效，但是在大都市的大酒楼，大家会注重摆盘，讲究色味俱佳，因此我们需要在保留传统风味的同时，迎合都市人的饮食习惯。"为此，赖仁学也下了苦工，以实现传统与创新的结合。同时为了能够迎合人们不断变化的口味，保证每个月推出新的菜品，赖仁学丝毫不敢松懈，保持技艺的精进和观念的进步。

然而在谈及粤菜传承时，赖仁学不无忧心地说道："粤菜传承也需要新人，但是现在真正肯守在厨房、真正热爱这个行业的'好苗子'确实比较少了。"

经年岁月沉淀积累出的经验成就他的从容，初心不改磨砺锻造出的粤菜精神鼓舞他前行，这位粤菜大师已将几十年的青春热血奉献给了粤菜，而在未来，他也将带着这份热爱，继续他的修行。

第三节　韶关传统美食：鹅醋钵

在广东流传着一句话，"无鹅不旁派"。意思是说，请客如果没有鹅即等于没有请。鹅被不同的烹饪手法赋予多种滋味：烧鹅、焖鹅、卤鹅、酸梅鹅等等。

一道"鹅醋钵"是赖仁学的家乡名菜，取新鲜鹅血，加入家庭自制的酸荞头，熬制成酱汁，并快炒鹅肉。这道略带有乡野风味的菜，是韶关新丰县人逢年过节不可或缺的一道美味，也是韶关十大

传统美食之一。在当地，流传着"没有鹅醋钵这道菜，就不算过节"的说法。

客家人向来勤俭，在过去生活条件不好的年代，吃上一道鹅醋钵是赖仁学和弟弟妹妹童年最幸福的事。或许，客家人勤俭的特质早已融入其身，赖仁学会将鹅的不同部位运用不同烹制手法，烹调出适应顾客口味的粤菜，豉油皇鹅肠、盐焗鹅掌、香脆鹅肝点、陈皮炖鹅肾都是赖仁学的拿手菜。赖仁学做到"一鹅五吃"，几乎鹅身上的所有部位都是宝贝，都能物尽其用。

客家人的"物尽其用"是族群文化精神的体现。客家人是南迁的中原人，在数次大迁徙的过程中，衣冠南渡的客家人历练出勤俭持家、艰苦奋斗的精神，而这样的精神也深深地融入饮食文化当中。勤劳的客家人把常见的食材——鹅，做成了客家儿女时常想念的味道。

制作鹅醋砵，首先需要选用一只中等体型的乌鬃鹅，鹅肝、鹅肾切片，鹅肠切段，焯水备用。制作其酱料一般会选用自家泡制的酸藠头，发酵好的藠头汁与藠头一同倒入鹅血中，按比例混合成鹅醋酱汁。

随后将生姜切成小块，蒜子一开为二，下锅冷油爆香，将鹅倒入翻炒，再倒入米酒焖煮。酒中的乙醇和鹅的脂肪碰撞出醇厚香味。焖煮后倒入瓦钵，加入鹅肠鹅肝，再加入鹅醋酱汁，即可起锅。

做好的成品像红豆沙包裹着每一块鹅肉，醋酸解了鹅肉的油腻，所以鹅醋砵又被叫作"酸甜鹅"。

没有鹅醋钵这道菜，就不算过节

食过返寻味，探索

失传味道

东江菜属于客家菜水系流派，闻名遐迩，东江菜很早之前便已经成为东江文化特色中不可缺少的组成部分。然而随着时代的高速更迭和市场的蓬勃发展，许多技艺繁复、成本高昂的东江菜走向了失传的困境。自此，一大批粤菜大师以探索失传味道为己任，以传承经典为目标，开始了对东江传统美食的寻味。

第一节　记忆中的传统味道

东江是珠江的主要支流之一，干流河道长523千米，流域面积占全珠江流域的6.3%。东江地区负山面海，中部平原，其古越先民有着渔猎、农耕等多种生产、生活形态，随着社会的发展，这些不同的生产与生活形态的互动与融合，就形成了一个综合各类之所长的东江文化特色。

从食材的博杂、口味的清淡清鲜与原汁原味角度出发，东江菜与广府菜十分接近。过去由于交通不便，经济文化比起中原相对滞后等原因，东江地区先民的生活在相当长的历史中都是较清苦的，因此形成了简朴的民风。由于南方的气候与水土原因，民间历来重视祛除体内虚火、湿热，忌食物重油重盐，因而饮食追求新鲜、清淡和原汁原味。为此，首先要求食物要新鲜。鱼要活，鸡要即宰即烹，蔬菜要当日采摘。确实要防腐加盐时也尽可能少盐保鲜。惠州民谣曰："鲜水黄鱼白菜箭，罂锅煲饭喷喷香。山珍海味怎能比，神仙闻见也欲尝。"[1]它道出东江菜中"鲜"的特点。

探索失传味道

① 祝基棠. 东江菜的流变与特色初探[N]. 惠州日报，2019-05-31(5).

追求食物清淡和新鲜，有利于人体各类营养的吸收，属于一种健康科学的饮食方式。除此之外，东江菜还注重根据食客的身体状况和季节的变化择物而食，其中一个原则是：热则清凉，寒则温补。惠州坊间有不少饮食类俗语，如"冬食萝卜夏食姜，无使医生开药方""饭前一碗汤，无使上药堂""上床蔗，下床粥，食过三朝成木碌"等。这些俗语无不闪烁着东江流域百姓的保健养生智慧。

东江饮食文化还具有兼容并蓄的特点。悠久的历史，多样的地理地貌，使东江文化、惠州文化具有开放性、包容性、多元性。由于东江流域四周聚居了数量庞大的客家人，东江菜的菜肴风格上也模仿吸收融合了客家菜不少特色，讲求主料突出、造型古朴，以盐定味，以汤提鲜，力求酥烂香浓。烹调方法多样，尤以北方常见的煮、炖、熬、酿、焖等技法见长，颇有中原遗风。加之用以入馔的副食品都是家养禽畜山货，海产品较少。故有"无鸡不清，无肉不鲜，无鸭不香，无肘不浓"之说。

历史上惠州是东江中上游流域的政治、经济、文化中心。东江菜以惠州菜为代表，东江盐焗鸡、东江酿豆腐、梅菜扣肉、东坡大肉等闻名遐迩。惠州菜还与苏东坡颇有渊源。苏东坡一生喜好饮食，几乎每到一地都要品尝该地风味菜肴并将其写入诗中，因此苏东坡为后世留下了许多饮食题材的诗词。苏东坡一生仕途不顺、宦海沉浮，曾经在惠州停留超过两年，深深地影响了当地的饮食文化。

苏东坡在惠州所写的不少诗文都歌颂了当地的饮食原料，如《新年五首其一》一诗中写道"丰湖有藤菜，似可敌莼羹"，认为惠州丰湖的藤菜可以媲美江南莼羹。苏东坡还研究出了不少新吃法，让后世饕客大饱口福。当时惠州人普遍不懂芋头的吃法，吃下芋头之后不是肚胀就是会发生瘴疾，因此当地人对芋头敬而远之。而苏东坡在《记惠州土芋》一文中，详细记载了芋头的烹调方法："芋当去皮，湿纸包，煨之火，过熟，乃热啖之，则松而腻，乃能益气充饥。"苏东坡素来深谙猪肉之美，曾有"待他自熟莫催他，火候足时他自美"的赞美之词，据说他寓居惠州时，专门选派两位名厨远道至杭州西湖学习扣肉的制作，学成返惠后，因地制宜，取材惠州特产梅菜加以改良，制成"东坡梅菜扣肉"，这道菜肴至今仍然深受广大惠州百姓的喜爱。美食沉淀了一方民俗历史和人文传统，牵系着人们对家乡的深挚情感，这正是美食的文化价值。

检视苏东坡留下的"惠州菜单"，足以窥见其寓惠生活的清贫淡泊。苏东坡这种"食无求饱，居无求安"的君子人格和随缘自适，超然自得的豁达襟怀，赢得了惠州人的千年景仰。而他的"味欲其鲜，趣欲其真"，以追求内心愉悦为最高审美境界的饮食之道，也成了惠州人传承不绝的精神遗产。

随着饮食文化的不断发展，如今的东江美食也逐步趋于完善，形成自己独特的风格，东江菜也开始更具有文化的内涵品味，全国各大城市乃至东南亚地区，越来越多的中外游客都喜欢品尝独树一帜的东江菜。

第二节　惠州食神：高燕来

惠州处于客家、广府、潮汕文化的交汇地带，是历史悠久的文化名城，以其为中心发展至今的东江菜，有着饮食清淡、讲究原汁原味的特点。在这里，有着一群粤菜大师，致力于还原惠州失传菜，高记酒家老板——高燕来便是其中之一。

　　高燕来，如今已65岁，曾经从事航运工作，也做过装修行业，2000年偶然机会之下用一碗阉鸡粥进入饮食行业，从厨至今已有20年之久。

　　最初，高燕来用赊来的三只鸡做了第一批阉鸡粥，煮好的阉鸡粥清香扑鼻，鸡肉既嫩且滑，粥水鲜甜味美，优质的出品为这个无名宵夜摊吸引了络绎不绝的食客。随着铺面越做越大，口碑越来越好，高燕来慢慢开始尝试加入许多新的菜式，变成如今汇聚许多传统东江菜式的，宣扬惠州味道的餐馆。

　　"惠州是历史文化名城，饮食是一个城市的灵魂，一方水土养一方人，各地方都有它的风俗和饮食习惯，挖掘和传承让后人更了解本土历史饮食文化。"高燕来从2005年开始专注于还原惠州失传菜，以还原失传美食的方式，让更多人了解本土文化，便是他这番探索的初心。酿春、扁米糖水、阿嬷叫、鸡油糖块这些惠州特色美食都是经他还原后，再次出现在惠州人餐桌上的传统味道。

　　当谈论到失传的东江菜时，高燕来言语之间都是惋惜："以前的东江菜享誉海内外。东江菜谱里除了野味还有一百三十多道，现在市面流行的只有盐焗鸡、梅菜扣肉、东江酿豆腐等等。其他的菜肴都很少见到了，一是因为技艺复杂，二是成本价很高。"

　　尽管复原东江菜的难度极大，但是高燕来依然没有放弃，闲时不打麻将、不打牌，就躲在家中厨房钻研复原传统东江菜。他志在将东江菜的失传技艺发扬光大："以前粤东地区厨师烹饪技术考核是以东江菜为标准，当时各方面的要求都很高，现在没有人再想去做，它的技艺在市场上基本已经消失。"高燕来2016年被惠州市城市技术学院聘请为客座教授，他也利用学院内的资源邀请粤菜大师傅回学院，同他一起按东江菜谱复原老菜式，并且编撰相关教材将这些失传的东江菜技艺发扬光大。

20年来的从厨经验，以及对美食的热爱，促成高燕来对食材的严苛把控。目前，餐馆所用的食材都是自产的，鸡鸭鹅自家农户养的，不添加饲料，猪肉经过严格筛选，蔬菜是自家菜地种的，为此他还在郊区惠州郊区马安镇开了一家农庄菜。在自家的农庄里，他将自己对于东江菜的理解融入菜品之中，将"烹饪技艺追求原汁原味，不肥、不咸、不甜、不辣，保持食材的鲜味度"发挥到极致。凭借着对美食的热爱和对菜品的严格把控，高记饭店吸引了五湖四海的食客专程前来品尝。

东江菜是根植于东江大地、历史悠久的粤菜支系。相信有高燕来这些粤菜守味人的不懈探索和勠力传承，东江菜定会愈益显示出蓬勃的生命力。

▽
高燕来志在将东江菜的失传技艺发扬光大

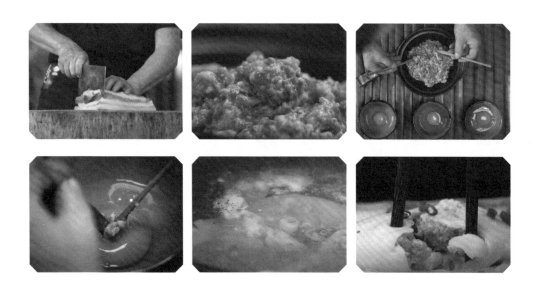

第三节　惠州失传菜

酿春

　　酿春是惠州中心城区最出名的一种酿法，也是惠州人酿技高超的体现。春，是惠州话中"蛋"的发音，如惠州人把鸡蛋称为"鸡春"。酿春即为酿蛋，原本是庆祝孩子生日时加的一道菜，平时不太常见。

　　客家人喜欢将肉馅包进各种食物当中，比如酿豆腐、酿苦瓜、酿茄子、酿辣椒等等，酿春也是如此。各种"酿"出来的美食，所用的载体各不相同，酿春，就是要把肉馅酿进蛋里面。

　　制作方法首先是将肉馅酿进新鲜鸭蛋黄里，蛋黄越撑越大，保持不破皮；酿蛋的时候煮开水，放盐和油，然后把酿好的蛋一个个慢慢倒进锅里，关小火慢慢煨熟；最后放葱花即可。这道菜不复杂，考的是慢功夫。

阿嬷叫

"阿嬷叫"是惠州最出名、最独特的小吃之一，已有300多年历史。在许多四五十岁的惠州人童年记忆里，都少不了阿嬷叫的味道。

阿嬷叫是用已调好味料的面粉浆包裹白萝卜丝、虾米和肉粒，用小网篓舀放进沸油锅中慢火煎炸，成小碗状，外酥内软，既有萝卜的清香又有炸物特有的酥脆。

阿嬷叫的传说有多个版本，但基本都与"阿嬷"——也就是惠州话里的"祖母"有关。其中流传最多的一个版本，就是制作阿嬷叫的小贩怕滚油溅出伤了小孩子的脸，就赶小孩子走开，可怎么也赶不走。小贩急中生智，对小孩说："阿嬷叫你赶快回去！"祖母最疼孙子，所以小孩子一听就信以为真，跑开了。后来一有小孩围到油锅前，小贩就会说："阿嬷叫！阿嬷叫！"前来购买的人就以为这种小吃叫"阿嬷叫"，后来"阿嬷叫"一直被沿用下来。另外一种说法是，当年，惠州刚出现阿嬷叫时，油炸香味浓郁，连掉光牙齿的老太太也被香味吸引过来，因此便起名"阿嬷叫"。

▼
保持食材的鲜味度

附录一

匠心守味，温氏食品与粤菜大师共同守护你我珍重的美味

在"民食为天"的语境下，"食唯安鲜"的新标准

"民以食为天"可谓中国食文化最早的理论基础，始于农耕文化的惯性，让老百姓们天然地对于温饱有着更多的关注。前有孔丘曰"饮食男女，人之大欲存焉"，又曰"食不厌精，脍不厌细"，后有东坡"日啖荔枝三百颗，不辞长作岭南人"和"明日春阴花未老，故应未忍着酥煎"。千百年间，嗜食传统得到了人们的忠实传承和发展弘扬。

而随着社会的高速发展，消费者对于"吃"早已有了更多期待。加之2020年开篇，一系列防疫工作在不知不觉间改变了许多人的生活习惯与观念，令全民对食品安全与健康，以及食品品牌的选择有了更高的标准。

多年以来，在"民食为天"的语境下，《粤菜大师》的独家冠名商温氏食品为满足消费者对食品安全、新鲜的需求，以高标准、严要求，用心把控食材从源头到上市的每一个环节，守护从农场到餐桌的每一步；并且以优质的产品、丰富的品类和严密的食品安全生产管理流程保障肉类食品的供给，丰富市民的菜篮子，获得了社会各界的广泛认可。

2018年，温氏股份集团发布全新"温氏食品"品牌，向食品和服务型企业转型升级。2020年，为了更好地满足消费者对高品质肉、蛋等生鲜产品的需求，温氏食品推出全新子品牌——温氏天露。温氏天

露是温氏食品旗下专注高品质活禽、活猪、鲜肉、蛋等产品的子品牌，以"生态高标准，自然更鲜香"为理念，构建了一套高标准的生态养殖模式。

在温氏天露的生态科技农场，饮水、照明、保温、环控、加湿、消毒等系统均由物联网技术智能控制，能为养殖营造适宜的环境。废水处理系统、自动通风换气系统等环保设施，则保证了鸡、猪生长环境的洁净。此外，温氏天露传承农家生态养殖，在远离人烟的山林、田间建立养殖场，让鸡、猪喝洁净的地下水、吃五谷杂粮自制的食料。这样喂养出来的鸡、猪肉质更健康，味道更鲜美。

在这些坚实的基础上，2020年温氏食品正式成为中国国家羽毛球队官方供应商。中国国家羽毛球队的傲人战绩，来源于他们数十年如一日对运动员各方面的高标准严要求；而温氏食品37年以来一直以严格的标准，持续完善食品安全管理流程，为中国家庭餐桌提供放心、健康、营养的食品。双方所共有的高标准严要求的匠心精神，也使得此次合作在物质和精神层面都达到了高度契合。

这次合作是温氏食品品牌打造中的重要里程碑，温氏食品也将进一步扩大市场，成为消费者心中可信赖、安全、新鲜的肉类品牌代名词。

从农场到餐桌的每一步，温氏食品一直在守护

自"温氏食品"品牌发布以来，温氏一直都在大力推进"企业责任"＋"社会责任"比翼齐飞的品牌发展战略：一方面将围绕"民食为天，食唯安鲜"的品牌使命，提供安全、新鲜的食品；另一方面将投入更多的资源，承担起企业的社会责任。此次温氏与粤菜大师的联手，正是遵循这一战略指引。

在打造粤菜大师超级符号（IP）的过程中，温氏食品成为粤菜大师IP工程的独家冠名，为项目启动做出巨大推动。对于"守味人"这

一概念的诠释，既可以是精心研造菜品、用心传承厨艺的粤菜大师，也可以是用心守护从农场到餐桌每一步的每一位温氏员工：粤菜大师坚守粤菜技艺的传承，致力于粤菜滋味的推广；而温氏食品37年来，一直守护优质的食材，守护家庭餐桌的味道，双方都不忘初心，守护心中的价值。正因为一致的执着和坚持，促成了温氏食品与《粤菜大师》的携手，一同"守味"粤菜饮食文化。

食材生产企业和餐饮业唇齿相依。受新冠疫情影响，餐饮业遭受严重冲击，温氏食品发挥农业产业化国家重点龙头企业的带头作用，节目开机时，在广东省文旅厅的指导下，温氏食品加入了《粤菜大师》IP生态产业共同体，与餐饮上下游产业共同抗疫，提振经济。通过与陶陶居联合推出特色产品"粤菜大师"盐焗鸡等战略合作方式，率先打响守味传统粤菜的第一炮，彰显粤菜"守味人"的担当。

随后，在节目开播之际，为扶持粤菜大师群体，支持"粤菜出圈，大师出道"，温氏食品积极寻找契机，与粤菜大师们共同开发高品质美食，满足多样化的消费需求；并凭借《粤菜大师》节目，为遭受疫情冲击的粤菜门店和粤菜师傅们打造一个展示才华、推广饮食文化的平台，通过展现餐饮中小微企业在疫情期间创新求变以及倡导健康餐饮的风采，提高全社会对粤菜产业的关注度，以此助力恢复经营，重振消费。

温氏食品通过《粤菜大师》对"粤菜守味人"群体的致敬与突显，传达了品牌"用心守护从农场到餐桌的每一步"的宗旨。与《粤菜大师》携手，是温氏食品作为中国餐桌守味人，坚守文化精髓，传递企业温度的重要一步，也是传承粤味美食，守卫中华饮食文化的光荣使命。

广东美食地图

1. 超记煲仔饭（西门口店）：广州市荔湾区人民中路629号（大西门旁）

2. 祥源坊海鲜酒楼：中山市菊城大道西407号

3. 信行丰炖品皇：广州市越秀区光孝路65号

4. 禄娣鸡煲·香港打边炉（深圳总店）：深圳市福田区泰然九路21号十亩地3栋一层03

5. 山泉粥：佛山市顺德区大良大门厚街新村一街8号

6. 榕树头叹佬鸡煲（芳村总店）：广州市荔湾区陆居路7号

7. 娟姨第一家猪脚姜：广州市荔湾区第十甫路57号旁吉鸿居4号（近莲香楼）

8. 光明招待所：深圳市光明区法政北路与光明大街交叉口

9. 香港新发烧腊茶餐厅（凤凰路店）：深圳市罗湖区凤凰路152号

10. 广州日航酒店桃李酒家：广州市天河区华观路1961号

11. 容意发牛杂店：广州市越秀区诗书路56号

12. 御唐府嗬唊咪：湛江市霞山区海滨大道荣基广场四楼

13. 楼上大排档：广州市珠江新城花城大道84号优托邦一座5楼

14. 湛江蠔爷：湛江市霞山区人民大道中10号

15. 点都德（喜粤楼店）：广州市越秀区中山一路57号

16. 北园酒家：广州市越秀区小北路202号

17. 广州酒家（文昌店）：广州市荔湾区文昌南路2号

18. 老潮兴（龙北店）：汕头市金平区龙眼北路132号（龙北市场对面）

19. 自然然现代潮菜：汕头市龙湖区长平东路868号金麟大厦13楼

20. 香得乐酒家：潮州市湘桥区新桥路与永护路交界处东北角

21. 云璟中餐厅：深圳市南山区中心路3008号深圳湾1号鹏瑞莱佛士酒店70楼

22. 富苑饮食：汕头市龙湖区朝阳庄北区12栋

23. 佳宁娜酒楼（广场店）：深圳市罗湖区人民南路2002号佳宁娜广场4楼

24. 围龙屋星园酒家：梅州市梅江区三角镇富奇路190号

25. 大厨小馆：梅州市梅江区鸿都帝景湾内古玩街28号

26. 裕民古法盐焗鸡：梅州市蕉岭县新东北路93号

27. 梅苑酒楼：南雄市323国道方向（梅岭）梅关古道景区往大余方向300米（近钟鼓岩景区）

28. 乌记饭店：惠州市惠城区五一路北门大街25号（近中山公园）

29. 南粤春王府（彭年店）：深圳市罗湖区嘉宾路2002号彭年万丽酒店3楼

30. 马安高记农庄：惠州市惠城区马安镇马安厦良小学附近

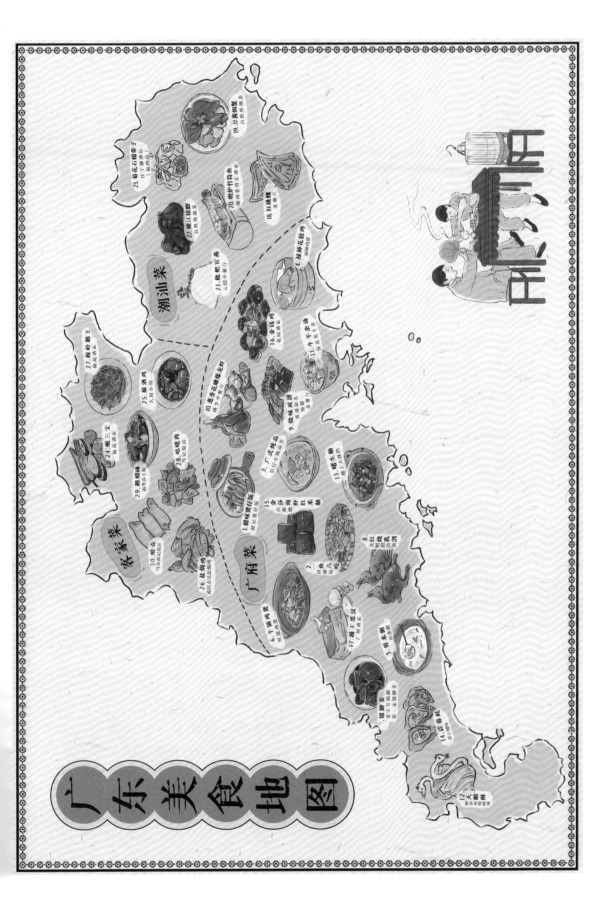

广东美食地图

后 记

我自幼生长的江淮地区，地处湖北、安徽、河南三省交界之地，有相对独立的语言和习俗，在饮食习性和人文气息上形成了南北杂糅、博采众长的风貌，素有"北国江南"之美誉。

我的母亲是那个年代的知识分子，虽然家庭并不富裕，但她却有着细腻的情感和讲究的格调，多少也有些文人的"心高气傲"吧。我从小到大的衣服，母亲总会不辞辛劳地亲自裁剪，甚至颇具时尚感。虽然当时的物产并不丰富，但由于当地文化的影响以及自身的严苛要求，母亲在做菜方面也格外追求精细。比如许多人匆匆应付的早餐，母亲却喜欢炒几样小菜佐餐。农家没有太多烹调技艺可言，但母亲的勤勉和精致却使我珍藏了儿时的美味记忆，以至于母亲也笑言"穷家出娇子"，贫瘠的年代却养成了我的嘴刁习性。

后来举家南迁，客居广东数十载。我幸识一位挚友——广州酒家集团的赵利平总经理，他不仅是一位餐饮巨擘、美食饕餮，也是一位文艺评论家、收藏家，凌云健笔、口齿风流。我常调侃他"好吃好喝"，凭借对饮食的钻研，成为执掌百年老字号的厅官。我惊喜地发现饮食在他身上有着不同的解读。"吃"对于中国人是多维的，吃饱是一种要求，吃好是一种追求。这种追求上升到一定的人生境界，就成为了文化和艺术、哲学和信仰。

儿时的经历和友人的启发，渗透了我的味蕾品格和文化性格。加之对粤菜的偏爱，使我渐渐萌生了钩沉发微粤菜文化的念头。友人赵利平作为粤菜文化传播的助推者、践行者，给予我深刻的影响。"粤菜密码"不能成为广州酒家集团的一家之秘，粤菜出圈势在必行，粤菜文化IP的打造刻不容缓。彼时恰逢广东省委省政府高举"粤菜师傅工程"，擦亮"食在广东"品牌，我于2019年开始着手《粤菜大师》文化纪录片的筹备工作。

何谓"大师"？大，显其宏博，世人所难及；师，显其杰出，足为世人师。大师者，或居庙堂之高，或处江湖之远，古儒云"君子远庖厨"，殊不知庖厨也能出"大师"。正是由于他们的匠心传承，粤菜文化的完整性得以保留下来。"不时不食"，"药食同源"，对食材的物尽其用……烹饪技艺的先进解决了食材的粗鄙，不仅满足了凡俗的口腹之欲，还赋予了粤人以生生不息的力量。希望粤菜大师们"先天下之鲜"的人文精神，以及健康先进的饮食理念，得以承续发扬、出圈出海，成为活色生香、风生水起的广东文化名片。

《粤菜大师》有幸得到深圳卫视张峥台长的支持，疫情期间克服千难万险得以面世，后又获南方日报出版社周山丹社长的激赏，不吝付印成册。书香粤味，以飨读者，不甚快哉！我这异乡人姑且佯称"粤菜的女婿"，与诸君共举杯。

《粤菜大师》IP项目总策划
广州郎琴传媒科技有限公司董事长
路畅之
2020年10月10日